Sanjay Singh

A IA e a transformação global: Vias para um crescimento inclusivo

Sanjay Singh

A IA e a transformação global: Vias para um crescimento inclusivo

ScienciaScripts

Imprint

Any brand names and product names mentioned in this book are subject to trademark, brand or patent protection and are trademarks or registered trademarks of their respective holders. The use of brand names, product names, common names, trade names, product descriptions etc. even without a particular marking in this work is in no way to be construed to mean that such names may be regarded as unrestricted in respect of trademark and brand protection legislation and could thus be used by anyone.

Cover image: www.ingimage.com

This book is a translation from the original published under ISBN 978-620-7-80667-6.

Publisher:
Sciencia Scripts
is a trademark of
Dodo Books Indian Ocean Ltd. and OmniScriptum S.R.L publishing group

120 High Road, East Finchley, London, N2 9ED, United Kingdom
Str. Armeneasca 28/1, office 1, Chisinau MD-2012, Republic of Moldova, Europe
Printed at: see last page
ISBN: 978-620-7-85828-6

A IA e a transformação global: Vias para um crescimento inclusivo

Por

Dr. Sanjay Singh

ASET, Universidade de Amity, Uttar Pradesh, Índia

PREFÁCIO

A IA e a transformação global: Pathways to Inclusive Growth embarca numa viagem através da paisagem transformadora da inteligência artificial (IA) e das suas profundas implicações para o desenvolvimento socioeconómico global. À medida que nos encontramos no precipício de um avanço tecnológico sem precedentes, a IA representa não apenas uma ferramenta para a inovação, mas um catalisador para remodelar as indústrias, a governação e o próprio tecido das sociedades em todo o mundo. A rápida evolução das tecnologias de IA, impulsionada pelo crescimento exponencial da capacidade de computação, da análise de grandes volumes de dados e dos algoritmos de aprendizagem automática, deu início a uma nova era de possibilidades e desafios. Desde os sistemas autónomos que revolucionam os transportes até aos diagnósticos de cuidados de saúde baseados na IA que melhoram os resultados dos doentes, as aplicações da IA são vastas e diversificadas. No entanto, no meio desta revolução tecnológica, as questões da inclusão, da equidade e da governação ética são importantes. Este livro explora a forma como a IA pode servir como uma força potente para o crescimento inclusivo, oferecendo caminhos para reduzir as disparidades socioeconómicas e promover o desenvolvimento sustentável em todo o mundo. No centro da nossa exploração está o compromisso de compreender não só as capacidades técnicas da IA, mas também o seu potencial para criar um impacto social significativo.

Dr. Sanjay Singh

CONTEÚDO

CAPÍTULO 1

Introdução à IA, Globalização e Crescimento Inclusivo

Ashwani Kumar

Escola de Engenharia e Tecnologia

K. R. Mangalam University, Gurugram, Haryana, Índia

Sanjay Singh

Escola de Engenharia e Tecnologia Amity

Universidade de Amity, Uttar Pradesh, Índia

Introdução

A Inteligência Artificial (IA) é uma tecnologia transformadora que permite às máquinas imitar a inteligência humana. Na sua essência, a IA envolve a criação de algoritmos e sistemas capazes de realizar tarefas que normalmente requerem a cognição humana, como a aprendizagem, o raciocínio, a resolução de problemas e a compreensão da linguagem natural.

Definição de Inteligência Artificial

A IA é um domínio vasto que engloba várias sub-disciplinas. Estas incluem a aprendizagem automática, em que os algoritmos melhoram com a experiência; o processamento de linguagem natural (PNL), que permite às máquinas compreender e responder à linguagem humana; a visão por computador, que permite às máquinas interpretar dados visuais; e a robótica, em que a IA orienta as máquinas físicas na execução de tarefas de forma autónoma.

Tipos de IA

A IA pode ser classificada em IA restrita e IA geral. A IA estreita, também conhecida por IA fraca, é concebida para tarefas específicas, como o reconhecimento de voz ou o jogo de xadrez. Estes sistemas funcionam com um conjunto limitado de restrições e não possuem capacidades cognitivas gerais. Em contrapartida, a IA geral, ou IA forte, refere-se a sistemas que apresentam uma inteligência semelhante à humana numa vasta gama de actividades. Este nível de IA continua a ser teórico e constitui um foco significativo da investigação em curso.

História da IA:

O domínio da IA remonta a meados do século XX. Em 1950, o matemático britânico Alan Turing propôs o conceito de uma máquina capaz de simular qualquer inteligência humana, conhecido como Teste de Turing. O termo "Inteligência Artificial" foi cunhado por John McCarthy em 1956 durante a Conferência de Dartmouth, onde o campo de investigação da IA foi formalmente estabelecido.

A investigação inicial em IA, nas décadas de 1950 e 1960, centrou-se no raciocínio simbólico e na resolução de problemas. Contudo, os progressos foram lentos devido à limitação da capacidade computacional e dos dados. A década de 1980 assistiu ao aparecimento dos sistemas especializados, que utilizavam regras predefinidas para imitar a tomada de decisões humanas em domínios específicos. Apesar do seu sucesso inicial, estes sistemas eram rígidos e tinham dificuldades em lidar com cenários complexos do mundo real.

A revolução da IA

O advento de grandes volumes de dados, algoritmos avançados e poderosos recursos informáticos no século XXI conduziu a avanços significativos na IA. A aprendizagem automática, em particular a aprendizagem profunda, revolucionou este domínio. A aprendizagem profunda envolve redes neuronais com várias camadas que podem aprender padrões complexos a partir de grandes quantidades de dados. Esta abordagem permitiu avanços no reconhecimento de imagens, no processamento de linguagem natural e noutros domínios.

Aplicações da IA

A IA é agora omnipresente, tendo impacto em vários sectores. Nos cuidados de saúde, a IA ajuda a diagnosticar doenças, a prever os resultados dos doentes e a personalizar os planos de tratamento. No sector financeiro, os algoritmos de IA são utilizados para a deteção de fraudes, a negociação algorítmica e o serviço de apoio ao cliente através de chatbots. Os sistemas de recomendação alimentados por IA promovem a participação dos utilizadores em plataformas como a Netflix e a Amazon.

Os veículos autónomos utilizam a IA para a navegação e a tomada de decisões. A IA também desempenha um papel crucial na cibersegurança, identificando e mitigando ameaças em tempo real. Além disso, a investigação e o desenvolvimento orientados para a IA estão a acelerar as descobertas científicas, desde o desenvolvimento de medicamentos até à modelização do clima.

Desafios e considerações éticas

Apesar do seu potencial, a IA coloca vários desafios. Entre as preocupações éticas contam-se os preconceitos nos sistemas de IA, que podem perpetuar as desigualdades existentes se não forem resolvidos. A privacidade é outra questão crítica, uma vez que os sistemas de IA requerem frequentemente grandes quantidades de dados pessoais. Há também a questão da responsabilização quando os sistemas de IA tomam decisões que afectam a vida das pessoas.

O futuro da IA depende da resposta a estes desafios através de quadros éticos e de medidas regulamentares sólidas. Garantir a transparência, a equidade e a responsabilidade nos sistemas de IA é essencial para aproveitar os seus benefícios e, ao mesmo tempo, mitigar os riscos.

A Inteligência Artificial é um domínio em rápida evolução com o potencial de revolucionar todos os aspectos da vida humana. Desde a melhoria dos cuidados de saúde e das finanças até à promoção da inovação e à melhoria da eficiência, a IA oferece oportunidades sem precedentes. No entanto, para concretizar todo o seu potencial, é necessário ter em conta as implicações éticas, jurídicas e sociais. À medida que a IA continua a avançar, é crucial garantir que o seu desenvolvimento e implementação sejam orientados por princípios que promovam a inclusão, a justiça e a responsabilidade.

Contexto histórico e fases da globalização

A globalização é o processo pelo qual o mundo se torna cada vez mais interligado através de intercâmbios económicos, sociais, políticos e culturais. Este fenómeno evoluiu ao longo dos séculos, moldado por avanços tecnológicos, comércio, migração e decisões políticas. A compreensão do contexto histórico e das fases da globalização permite compreender o seu estado atual e a sua trajetória futura.

Início da globalização (Pré-1500)

As raízes da globalização remontam às civilizações antigas. Rotas comerciais como a Rota da Seda ligavam o Oriente e o Ocidente, facilitando a troca de bens, ideias e cultura. A difusão das religiões, como o budismo, o cristianismo e o islamismo, também contribuiu para as primeiras formas de interligação global. Impérios como o romano e o persa estabeleceram vastas redes que ligavam diversas regiões e populações.

A Era da Exploração (1500-1800)

A Era da Exploração marcou uma fase importante da globalização. Os exploradores europeus, motivados pela procura de novas rotas comerciais e riquezas, embarcaram em viagens que ligaram partes do mundo anteriormente isoladas. A descoberta das Américas por Cristóvão Colombo em 1492 e os subsequentes esforços de colonização das potências europeias estabeleceram redes de comércio globais. Este período assistiu à troca de mercadorias, como especiarias, metais preciosos e produtos agrícolas, bem como ao comércio transatlântico de escravos, que teve profundos impactos sociais e económicos.

A Revolução Industrial (1800-1900)

A Revolução Industrial dos séculos XVIII e XIX deu início a uma nova era de globalização. Os avanços tecnológicos, como a máquina a vapor, os caminhos-de-ferro e o telégrafo, reduziram drasticamente os custos de transporte e comunicação. Este facto facilitou a circulação de bens, pessoas e informações através de grandes distâncias. A industrialização levou à produção em massa e ao surgimento de mercados globais, onde as matérias-primas e os produtos acabados eram comercializados internacionalmente. Este período foi também marcado por uma migração significativa, com as pessoas a deslocarem-se das zonas rurais para os centros urbanos e a atravessarem continentes em busca de melhores oportunidades.

O início do século XX (1900-1945)

O início do século XX foi marcado tanto pela expansão como pela rutura da globalização. As duas guerras mundiais e a Grande Depressão tiveram um impacto significativo no comércio mundial e na integração económica. No entanto, o período entre guerras também registou avanços na aviação e nas telecomunicações, o que reduziu ainda mais o mundo. A criação de organizações internacionais, como a Liga das Nações, tinha como objetivo promover a cooperação e evitar conflitos, embora com sucesso limitado.

A era pós-Segunda Guerra Mundial (1945-1990)

O fim da Segunda Guerra Mundial marcou o início de uma nova fase da globalização, caracterizada por um crescimento económico sem precedentes e pela cooperação internacional. A Conferência de Bretton Woods, em 1944, criou instituições como o Fundo Monetário Internacional (FMI) e o Banco Mundial para promover a estabilidade económica e o desenvolvimento. O Acordo Geral sobre Pautas Aduaneiras e Comércio (GATT), que mais tarde se tornou na Organização Mundial do Comércio (OMC), facilitou a redução das barreiras comerciais e a expansão do comércio global.

Durante este período, as empresas multinacionais emergiram como actores-chave na economia global, estabelecendo redes de produção e distribuição em vários países. A era da Guerra Fria também assistiu à divisão do mundo em dois blocos ideológicos, com implicações significativas para o comércio e a política mundiais.

A revolução digital (1990-presente)

O final do século XX e o início do século XXI assistiram à revolução digital, que acelerou a globalização para um nível sem precedentes. O surgimento da Internet e os avanços nas tecnologias da informação e da comunicação (TIC) permitiram a comunicação global instantânea e o intercâmbio de informações. As plataformas de comércio eletrónico, as redes sociais e os serviços digitais transformaram a forma como as empresas funcionam e como as pessoas interagem.

As cadeias de abastecimento globais tornaram-se mais complexas e integradas, com processos de produção distribuídos por vários países. A liberalização das políticas de comércio e investimento facilitou ainda mais o fluxo de bens, serviços e capitais. No entanto, esta fase da globalização também colocou em evidência desafios como a desigualdade de rendimentos, a degradação ambiental e a homogeneização cultural.

Globalização contemporânea

Atualmente, a globalização continua a evoluir, impulsionada pela inovação tecnológica, pelas decisões políticas e pela dinâmica geopolítica. A pandemia de COVID-19 expôs as vulnerabilidades das cadeias de abastecimento mundiais e sublinhou a necessidade de sistemas resilientes e sustentáveis. Questões como as alterações climáticas, a cibersegurança e a saúde mundial exigem respostas internacionais coordenadas.

A ascensão das economias emergentes, sobretudo na Ásia, deslocou o centro de gravidade da economia mundial. A Iniciativa "Uma Faixa, Uma Rota" (BRI) da China é um exemplo dos esforços para melhorar a conetividade e a integração económica à escala global. Entretanto, os debates sobre as políticas comerciais, o protecionismo e o papel das instituições internacionais reflectem as tensões e as complexidades existentes no panorama mundial.

O contexto histórico e as fases da globalização revelam um processo dinâmico e multifacetado que transformou o mundo. Desde as primeiras rotas comerciais até à era digital, a globalização facilitou o crescimento económico, o intercâmbio cultural e o avanço tecnológico. No entanto, também colocou desafios significativos, incluindo a desigualdade social e os impactes ambientais. Compreender esta evolução histórica é crucial para navegar no futuro da globalização e garantir que esta promove um desenvolvimento inclusivo e sustentável.

O conceito de crescimento inclusivo

O crescimento inclusivo é um paradigma que procura assegurar que os benefícios do crescimento económico sejam equitativamente partilhados entre todos os segmentos da sociedade, particularmente os marginalizados e desfavorecidos. Ao contrário dos modelos de crescimento tradicionais que se centram apenas no aumento do PIB, o crescimento inclusivo realça a importância da equidade, da inclusão social e da sustentabilidade na promoção da prosperidade económica a longo prazo.

Definição de crescimento inclusivo

O crescimento inclusivo pode ser entendido como um crescimento económico sustentado ao longo de um período de tempo, com uma base alargada em todos os sectores e que inclui uma grande parte da força de trabalho de um país. Tem como objetivo reduzir a pobreza e a desigualdade através da criação de oportunidades para todos, garantindo que todos têm acesso aos benefícios do progresso económico.

O conceito integra as dimensões económica, social e ambiental, reconhecendo que o crescimento deve estar centrado nas pessoas e ser sustentável. Esta abordagem alinha-se com os objectivos mais amplos do desenvolvimento sustentável, que procuram equilibrar o crescimento económico com o bem-estar social e a proteção do ambiente.

Elementos-chave do crescimento inclusivo

Oportunidades económicas: O crescimento inclusivo centra-se na expansão das oportunidades económicas através de investimentos em infra-estruturas, educação e tecnologia. O seu objetivo é criar um ambiente propício à prosperidade das empresas, fomentando a inovação e o empreendedorismo.

Emprego e qualidade do emprego: A criação de emprego é uma componente central do crescimento inclusivo. Esta componente dá ênfase não só à quantidade de empregos, mas também à qualidade, assegurando que os empregos proporcionam salários justos, proteção social e condições de trabalho seguras. Para tal, é necessário apoiar sectores de mão de obra intensiva e com potencial para absorver uma grande força de trabalho.

Acesso a serviços básicos: O crescimento inclusivo requer um acesso equitativo a serviços essenciais como os cuidados de saúde, a educação, a água e o saneamento. Estes serviços são fundamentais para melhorar a qualidade de vida e permitir que os indivíduos participem plenamente na economia.

Inclusão social e equidade: A abordagem da exclusão social e da discriminação é crucial para o crescimento inclusivo. Tal implica a aplicação de políticas que protejam os direitos dos grupos marginalizados, incluindo as mulheres, as minorias étnicas e as pessoas com deficiência. As redes de segurança social e as intervenções específicas podem ajudar a reduzir a pobreza e a vulnerabilidade.

Sustentabilidade ambiental: A utilização sustentável dos recursos naturais e a proteção do ambiente fazem parte integrante do crescimento inclusivo. Isto garante que as actividades económicas não degradam o ambiente e que as gerações futuras também podem beneficiar dos recursos naturais.

Medição do crescimento inclusivo: A medição do crescimento inclusivo exige uma abordagem multidimensional que vai para além do PIB. Os indicadores podem incluir métricas de distribuição do rendimento (como o coeficiente de Gini), taxas de pobreza, taxas de emprego, acesso à educação e aos cuidados de saúde e índices de sustentabilidade ambiental. Os índices compostos, como o Índice de Desenvolvimento Humano (IDH), também fornecem uma perspetiva mais ampla do progresso.

Políticas para um crescimento inclusivo

Investir no capital humano: A educação e o desenvolvimento de competências são vitais para aumentar a empregabilidade e a produtividade. Os governos e as empresas devem investir num ensino de qualidade e na formação profissional para dotar a mão de obra das competências necessárias à economia moderna.

Promover sistemas financeiros inclusivos: O acesso aos serviços financeiros, incluindo a banca, o crédito e os seguros, é essencial para a participação económica. As políticas devem centrar-se na inclusão financeira para permitir que os indivíduos e as pequenas empresas invistam, poupem e giram os riscos.

Apoio às pequenas e médias empresas (PME): As PME desempenham um papel fundamental na criação de emprego e na diversificação económica. A prestação de apoio através do acesso ao financiamento, aos mercados e à tecnologia pode ajudar estas empresas a crescer e contribuir para um crescimento inclusivo.

Reforço da proteção social: Os sistemas de proteção social, incluindo os subsídios de desemprego, os seguros de saúde e as pensões, constituem uma rede de segurança para as pessoas vulneráveis. Estes sistemas ajudam a reduzir a pobreza e a desigualdade e permitem aos indivíduos fazer face aos choques económicos.

Garantir práticas laborais justas: As regulamentações do mercado de trabalho que protegem os direitos dos trabalhadores, promovem salários justos e garantem condições de trabalho seguras são cruciais para o crescimento inclusivo. As políticas devem também promover a igualdade de género no local de trabalho.

Melhoria das infra-estruturas: Os investimentos em infra-estruturas, como os transportes, a energia e as telecomunicações, são vitais para o desenvolvimento económico. O desenvolvimento das infra-estruturas deve ser inclusivo, garantindo que as zonas rurais e mal servidas também estejam ligadas.

Desafios ao crescimento inclusivo

Desigualdade: Os elevados níveis de desigualdade de rendimento e de riqueza podem entravar o crescimento inclusivo, limitando o acesso a oportunidades para grandes segmentos da população. A luta contra a desigualdade exige políticas redistributivas, como a tributação progressiva e as transferências sociais.

Perturbações económicas: Os avanços tecnológicos e a globalização podem levar a perturbações económicas, como a deslocação de postos de trabalho e as disparidades regionais. Os decisores políticos devem antecipar estas mudanças e implementar medidas para apoiar os trabalhadores e as regiões afectadas.

Vontade política e governação: A concretização de um crescimento inclusivo exige uma vontade política forte e uma governação eficaz. A corrupção, a fragilidade das instituições e a incoerência das políticas podem comprometer os esforços de promoção da inclusão.

O crescimento inclusivo é essencial para a construção de um sistema económico justo e sustentável. Ao assegurar que os benefícios do progresso económico são amplamente partilhados, o crescimento inclusivo pode reduzir a pobreza, reforçar a coesão social e promover a prosperidade a longo prazo. Os decisores políticos, as empresas e a sociedade civil têm de trabalhar em conjunto para criar um ambiente que apoie o crescimento inclusivo, eliminando as barreiras estruturais que impedem os indivíduos de participar plenamente na economia. Através de esforços concertados, o crescimento inclusivo pode conduzir a uma sociedade mais equitativa e resiliente, onde todos têm a oportunidade de prosperar.

Interligação da IA, globalização e crescimento inclusivo

A interação entre a inteligência artificial (IA), a globalização e o crescimento inclusivo está a remodelar o panorama económico mundial. A IA está a impulsionar a globalização ao melhorar a conetividade, a eficiência e a inovação, enquanto a globalização facilita a disseminação das tecnologias de IA através das fronteiras. No entanto, o desafio consiste em garantir que estes avanços conduzam a um crescimento inclusivo, em que os benefícios sejam distribuídos de forma equitativa e as oportunidades sejam acessíveis a todos.

A IA como motor da globalização: As tecnologias de IA estão a melhorar significativamente a conetividade global e a integração económica. Através de avanços na comunicação, transporte e logística, a IA está a simplificar as cadeias de abastecimento globais, reduzindo custos e aumentando a eficiência. Por exemplo, a análise preditiva com base na IA optimiza a gestão do inventário e a previsão da procura, permitindo às empresas responder rapidamente às alterações do mercado.

Além disso, a IA está a promover a inovação ao permitir novos modelos de negócio e serviços. O surgimento de plataformas digitais, alimentadas pela IA, transformou sectores como o comércio eletrónico, as finanças e o entretenimento. Estas plataformas ligam consumidores e produtores a nível mundial, criando um fluxo contínuo de bens, serviços e informações. Por exemplo, os sistemas de recomendação baseados em IA em plataformas como a Amazon e a Netflix personalizam as experiências dos utilizadores, aumentando a satisfação e o envolvimento dos clientes.

Difusão global das tecnologias de IA: A globalização facilita a difusão das tecnologias de IA além-fronteiras, permitindo aos países tirar partido da IA para o crescimento económico. As empresas multinacionais desempenham um papel fundamental neste processo, investindo em investigação e desenvolvimento (I&D) de IA e criando centros de inovação de IA em todo o mundo. As iniciativas de investigação em colaboração e as parcerias internacionais também contribuem para a difusão global de conhecimentos e competências em matéria de IA.

No entanto, a distribuição das tecnologias de IA é desigual, com os países desenvolvidos a liderarem frequentemente a adoção e a inovação da IA. Esta disparidade realça a necessidade de políticas que promovam a transferência de tecnologia e o desenvolvimento de capacidades nas economias em desenvolvimento. Esforços como o acesso ao ensino da IA, o apoio a empresas locais em fase de arranque no domínio da IA e a promoção de colaborações internacionais podem ajudar a colmatar o fosso tecnológico.

O potencial da IA para o crescimento inclusivo: A IA tem potencial para promover o crescimento inclusivo, criando oportunidades económicas, melhorando o acesso aos serviços e combatendo as desigualdades sociais. No sector dos cuidados de saúde, as ferramentas de diagnóstico e os serviços de telemedicina baseados na IA podem melhorar o acesso a cuidados de saúde de qualidade, especialmente em regiões mal servidas. Por exemplo, os algoritmos de IA podem analisar imagens médicas para detetar doenças precocemente, permitindo intervenções atempadas.

No domínio da educação, as plataformas de aprendizagem personalizada baseadas em IA podem adaptar os conteúdos educativos às necessidades individuais, melhorando os resultados da aprendizagem. Estas plataformas podem chegar a estudantes em zonas remotas, proporcionando-lhes educação de qualidade e formação de competências. Além disso, a IA pode apoiar a inclusão financeira, permitindo a banca digital e sistemas de pontuação de crédito que avaliam a capacidade de crédito utilizando fontes de dados alternativas, alargando assim os serviços financeiros às populações não bancarizadas.

Desafios e considerações éticas: Embora a IA ofereça benefícios significativos, também coloca desafios que devem ser abordados para garantir um crescimento inclusivo. Uma das principais preocupações é o risco de deslocação de postos de trabalho devido à automatização. A IA e a automação podem substituir empregos rotineiros e manuais, afectando desproporcionadamente os trabalhadores pouco qualificados. Para atenuar esta situação, as políticas devem centrar-se na requalificação e na melhoria das competências da mão de obra, preparando-a para novas funções numa economia impulsionada pela IA.

O preconceito nos sistemas de IA é outra questão crítica. Os algoritmos de IA podem perpetuar e amplificar os preconceitos existentes se não forem devidamente tratados. Por exemplo, sistemas de IA tendenciosos na contratação podem discriminar certos grupos, exacerbando as desigualdades sociais. Garantir a equidade e a transparência nos sistemas de IA exige orientações éticas sólidas, conjuntos de dados diversificados e uma monitorização contínua.

Implicações políticas e estratégias

Os decisores políticos desempenham um papel crucial no aproveitamento da IA para um crescimento inclusivo. As principais estratégias incluem:

Investir na educação e no desenvolvimento de competências: Os governos e as partes interessadas do sector privado devem investir em programas de educação e formação que dotem os indivíduos das competências necessárias para a economia da IA. Isto inclui a promoção da educação

STEM (ciência, tecnologia, engenharia e matemática) e iniciativas de aprendizagem ao longo da vida.

Apoiar a inovação e o empreendedorismo: Incentivar a inovação e o empreendedorismo no domínio da IA através de financiamento, orientação e apoio a infra-estruturas pode impulsionar o crescimento económico e a criação de emprego. A criação de centros de inovação em IA e a concessão de subvenções para a investigação em IA podem estimular os ecossistemas locais de IA.

Assegurar práticas éticas de IA: É essencial desenvolver e aplicar directrizes éticas para o desenvolvimento e implementação da IA. Isto inclui abordar questões de preconceito, privacidade e responsabilidade. Os decisores políticos devem colaborar com a indústria e o meio académico para estabelecer normas e melhores práticas para uma IA ética.

Promover sistemas financeiros inclusivos: A expansão do acesso a serviços financeiros através de soluções orientadas para a IA pode melhorar a inclusão financeira. Os governos devem apoiar inovações fintech que forneçam serviços financeiros acessíveis e económicos a populações carenciadas.

Facilitar a cooperação internacional: Os desafios globais, como as alterações climáticas, as pandemias sanitárias e a cibersegurança, exigem respostas internacionais coordenadas. A cooperação internacional no domínio da investigação e da elaboração de políticas em matéria de IA pode dar resposta a estes desafios e garantir que os benefícios da IA sejam amplamente partilhados.

A interligação entre a IA, a globalização e o crescimento inclusivo apresenta oportunidades e desafios. A IA está a impulsionar a globalização ao melhorar a conetividade e a inovação, enquanto a globalização facilita a disseminação das tecnologias de IA. Para garantir que estes avanços conduzam a um crescimento inclusivo, é essencial abordar as questões éticas, investir na educação e no desenvolvimento de competências, apoiar a inovação e promover a cooperação internacional. Ao adotar políticas inclusivas e sustentáveis, podemos aproveitar o poder transformador da IA para criar uma economia global mais equitativa e próspera.

CAPÍTULO 2

O papel da IA na promoção da globalização

Ashwani Kumar

Escola de Engenharia e Tecnologia

K. R. Mangalam University, Gurugram, Haryana, Índia

Deepak Singh

Departamento de Engenharia e Tecnologia

ABES(IT), Ghaziabad, Uttar Pradesh, Índia

Introdução

A Inteligência Artificial (IA) emergiu como uma força fulcral que impulsiona a globalização no século XXI. As suas capacidades transformadoras de automatização de processos, de reforço da conetividade e de promoção da inovação remodelaram significativamente a dinâmica económica global e as interacções sociais.

Automatização de processos e aumento da eficiência

As tecnologias de IA, incluindo os algoritmos de aprendizagem automática e a robótica, estão a revolucionar as indústrias através da automatização de tarefas repetitivas e da otimização de processos complexos. Esta automatização não só melhora a eficiência operacional, como também reduz os custos e acelera os ciclos de produção. Por exemplo, na indústria transformadora, os robôs alimentados por IA executam as tarefas da linha de montagem com precisão e rapidez, conduzindo a um maior rendimento e a taxas de erro mais baixas.

Além disso, a capacidade da IA para analisar grandes quantidades de dados em tempo real permite capacidades de análise preditiva e de tomada de decisões que facilitam respostas mais rápidas às alterações do mercado. Nas finanças, os algoritmos de IA processam dados financeiros para prever tendências de mercado e otimizar estratégias de investimento. O comércio de alta frequência impulsionado por algoritmos de IA transformou os mercados financeiros ao executar transacções a velocidades e volumes impossíveis para os operadores humanos.

Melhorar a conetividade e a colaboração global

As tecnologias de IA estão a derrubar barreiras geográficas, facilitando a comunicação e a colaboração transfronteiriças sem descontinuidades. Os algoritmos de processamento de linguagem natural (PNL) permitem a tradução de línguas em tempo real, facilitando as transacções comerciais globais e os intercâmbios culturais. As ferramentas de comunicação baseadas em IA, como as plataformas de videoconferência e os assistentes virtuais, facilitam a colaboração à distância entre equipas localizadas em diferentes partes do mundo.

Além disso, as plataformas orientadas para a IA e os ecossistemas digitais ligam as cadeias de abastecimento globais, permitindo uma coordenação eficiente entre fornecedores, fabricantes e distribuidores. As tecnologias de computação em nuvem e de Internet das Coisas (IoT) apoiadas pela IA melhoram a conetividade e a partilha de dados, promovendo a integração global dos processos de produção e das redes logísticas.

Fomentar a inovação e os avanços tecnológicos

A IA é um catalisador da inovação, impulsionando os avanços tecnológicos em diversos sectores, como os cuidados de saúde, os transportes e a agricultura. Nos cuidados de saúde, os sistemas de diagnóstico alimentados por IA analisam imagens médicas e dados de pacientes para ajudar os médicos a fazer um diagnóstico preciso e a planear tratamentos personalizados. As plataformas de descoberta de medicamentos baseadas em IA aceleram a identificação de novas terapias e tratamentos para doenças complexas.

Os veículos autónomos e os sistemas de transporte inteligentes alimentados por algoritmos de IA estão a revolucionar a mobilidade urbana e a logística. Estas tecnologias melhoram a gestão do tráfego, reduzem os custos de transporte e aumentam a segurança através da análise de dados em tempo real e da modelação preditiva. Na agricultura, as técnicas de agricultura de precisão baseadas em IA optimizam o rendimento das culturas e a utilização dos recursos, contribuindo para a segurança alimentar global e para práticas agrícolas sustentáveis.

Considerações éticas e socioeconómicas

Embora a globalização impulsionada pela IA ofereça inúmeros benefícios, também suscita preocupações éticas e socioeconómicas. A automatização de postos de trabalho através de tecnologias de IA coloca desafios relacionados com o desemprego e a deslocação de postos de trabalho, particularmente em indústrias fortemente dependentes de tarefas de rotina. Para enfrentar estes desafios, é necessário requalificar e melhorar as competências da mão de obra para se adaptar à evolução das exigências de uma economia baseada na IA.

Além disso, os algoritmos de IA devem ser desenvolvidos e implementados de forma responsável para atenuar os enviesamentos e garantir a equidade nos processos de tomada de decisão. A transparência e a responsabilização nos sistemas de IA são fundamentais para criar confiança entre os utilizadores e as partes interessadas. Os quadros regulamentares e as directrizes éticas desempenham um papel crucial na regulação do desenvolvimento e da implantação de tecnologias de IA, equilibrando a inovação com considerações éticas.

A IA funciona como um poderoso catalisador da globalização, transformando economias, sociedades e indústrias em todo o mundo. A sua capacidade de automatizar processos, melhorar a conetividade, promover a inovação e enfrentar desafios globais coloca a IA na vanguarda da promoção da integração global e do crescimento económico. No entanto, para concretizar todo o potencial da globalização impulsionada pela IA, é necessário abordar questões éticas, promover o desenvolvimento inclusivo e fomentar a cooperação internacional para aproveitar as capacidades transformadoras da IA em benefício de todos.

Inovação impulsionada pela IA e disseminação global

A Inteligência Artificial (IA) está a revolucionar as indústrias e a impulsionar a inovação global, permitindo novas capacidades, optimizando as operações e promovendo a colaboração além-fronteiras. A adoção generalizada de tecnologias de IA está a remodelar os cenários económicos globais e a criar oportunidades para as empresas, os governos e as sociedades prosperarem na era digital.

Permitir novas capacidades e um impacto transformador

As tecnologias de IA, alimentadas por algoritmos de aprendizagem automática e de aprendizagem profunda, estão a desbloquear novas capacidades em vários sectores. No sector da saúde, as ferramentas de diagnóstico alimentadas por IA analisam imagens médicas e dados de pacientes para ajudar os profissionais de saúde a fazer um diagnóstico preciso e a planear o tratamento. Estas tecnologias melhoram os resultados médicos, reduzem os custos dos cuidados de saúde e melhoram os cuidados prestados aos doentes a nível mundial.

Além disso, a automação e a robótica orientadas para a IA estão a revolucionar os processos de fabrico, optimizando os fluxos de trabalho de produção, melhorando a qualidade dos produtos e reduzindo os custos operacionais. Os robôs autónomos alimentados por algoritmos de IA executam tarefas complexas com precisão e eficiência, transformando as indústrias transformadoras tradicionais e permitindo uma rápida escalabilidade das capacidades de produção.

Otimização das operações e ganhos de eficiência

A capacidade da IA para processar e analisar grandes quantidades de dados em tempo real está a gerar ganhos de eficiência em sectores como as finanças, a logística e o serviço ao cliente. Nas finanças, os algoritmos de IA analisam as tendências do mercado, prevêem riscos financeiros e optimizam as carteiras de investimento. As plataformas de negociação de alta frequência tiram partido da IA para executar transacções a velocidades e volumes que os operadores humanos não conseguem igualar, aumentando a liquidez e a eficiência do mercado.

Na logística e na gestão da cadeia de abastecimento, a análise preditiva baseada em IA optimiza a gestão de inventário, prevê padrões de procura e simplifica as redes de distribuição. Estas tecnologias melhoram a resiliência da cadeia de abastecimento, reduzem os custos de transporte e aumentam a satisfação do cliente através da entrega atempada de bens e serviços.

Promover a colaboração e a partilha de conhecimentos

A IA está a promover a colaboração global e a partilha de conhecimentos através de plataformas digitais, comunidades de código aberto e parcerias internacionais. As empresas multinacionais investem em centros de investigação e desenvolvimento (I&D) de IA em todo o mundo, colaborando com talentos e universidades locais para impulsionar a inovação e os avanços tecnológicos. Estas colaborações aceleram o ritmo de adoção e implementação da IA em diversas indústrias.

As estruturas e bibliotecas de IA de código aberto facilitam a partilha de conhecimentos e a colaboração entre os programadores, permitindo que a comunidade global contribua para a investigação e as aplicações de IA. Plataformas como o TensorFlow e o PyTorch fornecem ferramentas e recursos que permitem aos programadores criar soluções baseadas em IA para uma vasta gama de aplicações, desde os cuidados de saúde e as finanças até à agricultura e ao entretenimento.

Desafios na adoção global da IA

Apesar da rápida disseminação das tecnologias de IA, há vários desafios que impedem a sua adoção e implementação a nível mundial. Um dos principais desafios é o fosso digital, em que as disparidades no acesso à tecnologia, às infra-estruturas e às competências digitais limitam a adoção da IA nos países em desenvolvimento. Para colmatar esta lacuna, é necessário investir em infra-estruturas digitais, educação e desenvolvimento de capacidades, a fim de garantir um acesso equitativo às inovações impulsionadas pela IA.

As considerações éticas também colocam desafios à adoção da IA, nomeadamente no que respeita à privacidade, à segurança e à parcialidade dos algoritmos de IA. Para responder a estas preocupações, é necessário desenvolver quadros regulamentares sólidos e directrizes éticas que regem o desenvolvimento e a implantação responsáveis das tecnologias de IA. Garantir a transparência, a equidade e a responsabilidade nos sistemas de IA é essencial para criar confiança entre os utilizadores e as partes interessadas a nível mundial.

Direcções e oportunidades futuras

O futuro da inovação impulsionada pela IA tem um imenso potencial para enfrentar os desafios globais e impulsionar o desenvolvimento sustentável. As tecnologias emergentes, como a inteligência artificial geral

(AGI) e a computação quântica, estão preparadas para acelerar ainda mais o ritmo da inovação e expandir as capacidades da IA em todos os sectores. Estes avanços criarão novas oportunidades para as empresas, os governos e as sociedades aproveitarem o poder transformador da IA e alcançarem a prosperidade partilhada.

Além disso, a inovação impulsionada pela IA pode desempenhar um papel fundamental na resolução de questões globais prementes, como as alterações climáticas, as disparidades nos cuidados de saúde e a desigualdade económica. As tecnologias de IA permitem uma visão orientada para os dados, a modelação preditiva e a tomada de decisões inteligentes que capacitam os decisores políticos e as organizações a implementar soluções eficazes e a gerar um impacto social positivo à escala global.

A inovação impulsionada pela IA está a remodelar as indústrias, as economias e as sociedades globais, permitindo novas capacidades, optimizando as operações e promovendo a colaboração além-fronteiras. A adoção generalizada das tecnologias de IA promete impulsionar o crescimento económico, aumentar a eficiência e enfrentar os desafios globais nos domínios da saúde, finanças, logística e outros. No entanto, a concretização de todo o potencial da IA exige a superação de desafios relacionados com a ética, a regulamentação e a inclusão digital, ao mesmo tempo que se aproveitam as oportunidades de alavancar a IA para o desenvolvimento sustentável e o crescimento inclusivo à escala global.

Estudos de casos de adoção global da IA em diferentes sectores

A adoção da Inteligência Artificial (IA) tem sido transformadora em vários sectores, revolucionando as operações, melhorando a eficiência e impulsionando a inovação a nível global.

Cuidados de saúde: Os sistemas de diagnóstico por imagem alimentados por IA revolucionaram o diagnóstico médico, analisando imagens médicas com uma precisão sem precedentes. Por exemplo, na oncologia, o Watson for Oncology da IBM utiliza a IA para analisar os dados dos pacientes e recomendar planos de tratamento personalizados com base na literatura médica e nos registos dos pacientes. Esta tecnologia ajuda os oncologistas a tomar decisões informadas, melhorando os resultados do tratamento e reduzindo os custos dos cuidados de saúde.

Além disso, as plataformas de telemedicina baseadas em IA estão a expandir o acesso a serviços de saúde em áreas remotas e mal servidas. O chatbot alimentado por IA da Babylon Health oferece aconselhamento médico e serviços de triagem, proporcionando aos pacientes assistência médica atempada sem a necessidade de visitas presenciais. Estas inovações são cruciais para melhorar o acesso aos cuidados de saúde e os resultados dos doentes a nível mundial.

Finanças: A IA está a transformar o sector dos serviços financeiros, melhorando as experiências dos clientes, melhorando a gestão do risco e optimizando a eficiência operacional. Os chatbots alimentados por algoritmos de processamento de linguagem natural (PNL), como os implementados pelo Bank of America e pelo HSBC, fornecem um serviço personalizado ao cliente, simplificam as consultas e tratam de transacções de rotina. Estas soluções baseadas em IA reduzem os tempos de espera dos clientes e permitem às instituições financeiras escalar as suas operações de serviço ao cliente de forma eficaz.

Além disso, os algoritmos de IA analisam grandes quantidades de dados financeiros para detetar actividades fraudulentas e avaliar com precisão a capacidade de crédito. O PayPal utiliza sistemas de deteção de fraudes baseados em IA para monitorizar transacções em tempo real e identificar padrões suspeitos indicativos de comportamento fraudulento. Ao atenuar os riscos e melhorar a segurança, as tecnologias de IA reforçam a confiança nas transacções financeiras e protegem contra crimes financeiros a nível mundial.

Fabrico: A automação e a robótica impulsionadas pela IA estão a revolucionar os processos de fabrico, melhorando a eficiência da produção, reduzindo os custos e melhorando a qualidade dos produtos. A Gigafactory da Tesla utiliza robôs alimentados por IA para a montagem e fabrico automatizados de veículos eléctricos. Estes robôs executam tarefas de precisão, como a soldadura e a pintura, aumentando significativamente a velocidade e a consistência da produção, mantendo simultaneamente padrões de elevada qualidade.

Além disso, a manutenção preditiva alimentada por algoritmos de IA minimiza o tempo de inatividade e optimiza o desempenho do equipamento nas instalações de produção. A General Electric (GE) utiliza a análise de IA para prever as falhas do equipamento antes de estas ocorrerem, permitindo intervenções de manutenção proactivas que evitam perturbações dispendiosas nos programas de produção. Estas inovações orientadas para a IA impulsionam a excelência operacional e a competitividade no sector da indústria transformadora global.

Retalho e comércio eletrónico: As tecnologias de IA estão a remodelar os sectores do retalho e do comércio eletrónico, personalizando as experiências dos clientes, optimizando a gestão da cadeia de abastecimento e prevendo o comportamento dos consumidores. O motor de recomendação baseado em IA da Amazon analisa os históricos de compras e os padrões de navegação dos clientes para sugerir recomendações de produtos personalizadas. Isto melhora o envolvimento do cliente, aumenta as taxas de conversão de vendas e promove a fidelidade do cliente a nível global.

Além disso, os sistemas de gestão de existências alimentados por IA optimizam os níveis de stock e antecipam as flutuações da procura, permitindo aos retalhistas simplificar as operações da cadeia de abastecimento e reduzir os custos das existências. A Alibaba utiliza algoritmos de IA para preços dinâmicos e previsão da procura, assegurando uma gestão eficiente do inventário e maximizando a rentabilidade num mercado de comércio eletrónico altamente competitivo.

Transportes e logística: As inovações impulsionadas pela IA no transporte e na logística estão a revolucionar a gestão da cadeia de fornecimento, optimizando o planeamento de rotas e melhorando a eficiência da frota. A DHL emprega soluções de logística baseadas em IA que utilizam análise de dados em tempo real para otimizar as rotas de entrega, reduzir os custos de transporte e melhorar a precisão do tempo de entrega. Essas otimizações orientadas por IA permitem que a DHL atenda às expectativas dos clientes por serviços de logística global rápidos e confiáveis.

Além disso, os veículos autónomos alimentados por algoritmos de IA estão a transformar a mobilidade urbana e as operações de entrega de última milha. A Waymo, uma filial da Alphabet Inc., desenvolve veículos autónomos equipados com sensores de IA e sistemas de navegação que permitem um transporte autónomo seguro e eficiente. Estas inovações baseadas na IA prometem remodelar o futuro dos transportes, reduzindo o congestionamento do tráfego, melhorando a segurança rodoviária e promovendo a mobilidade urbana sustentável a nível mundial.

Desafios e considerações

Apesar dos benefícios transformadores da adoção da IA, há vários desafios e considerações a ter em conta. Estes incluem preocupações éticas em torno do preconceito da IA, implicações de privacidade da análise de dados orientada para a IA e quadros regulamentares que regem a implantação da IA. Garantir sistemas de IA transparentes e responsáveis é essencial para criar confiança entre as partes interessadas e proteger contra consequências não intencionais.

Além disso, a resolução do problema do fosso digital é crucial para garantir um acesso equitativo às inovações impulsionadas pela IA a nível mundial. O investimento em infra-estruturas digitais, a promoção da literacia digital e a promoção de colaborações internacionais são passos essenciais para colmatar o fosso e aproveitar todo o potencial da IA para um desenvolvimento global inclusivo.

A adoção da IA está a conduzir transformações significativas em diversos sectores, revolucionando as operações, melhorando a eficiência e promovendo a inovação a nível global. Estudos de caso nos sectores da saúde, finanças, indústria transformadora, retalho, comércio eletrónico, transportes e logística demonstram o profundo impacto das tecnologias de IA na melhoria dos resultados, na otimização dos processos e na obtenção de vantagens competitivas. No futuro, a abordagem dos desafios e das considerações, ao mesmo tempo que se aproveitam as oportunidades, será fundamental para maximizar os benefícios das inovações baseadas em IA para o desenvolvimento global sustentável.

Desafios e oportunidades na globalização impulsionada pela IA

A Inteligência Artificial (IA) está a remodelar a globalização, impulsionando a integração económica, promovendo a inovação e transformando as interacções sociais à escala global. No entanto, a par das oportunidades, a globalização impulsionada pela IA apresenta desafios significativos que têm de ser enfrentados para garantir um desenvolvimento equitativo e sustentável.

Oportunidades na globalização impulsionada pela IA

As tecnologias de IA oferecem inúmeras oportunidades para melhorar a conetividade global, o crescimento económico e o bem-estar social. As principais oportunidades incluem:

Produtividade e eficiência melhoradas: A automatização e a otimização baseadas em IA melhoram a produtividade em todas as indústrias, reduzindo os custos e aumentando a competitividade nos mercados globais.

Inovação e avanços tecnológicos: A IA promove a inovação ao permitir novas capacidades e soluções que respondem a desafios globais nos domínios dos cuidados de saúde, da educação, dos transportes e da sustentabilidade ambiental.

Colaboração global e partilha de conhecimentos: A IA facilita a colaboração internacional através de plataformas digitais, comunidades de código aberto e parcerias multinacionais. Isto fomenta a partilha de conhecimentos, acelera a inovação e promove as melhores práticas além-fronteiras.

Crescimento económico e criação de emprego: As indústrias impulsionadas pela IA criam novas oportunidades de emprego em domínios emergentes, como a ciência dos dados, a investigação em IA e as funções de transformação digital. Estas indústrias também estimulam o crescimento económico através do aumento da produtividade e da inovação.

Melhorar a qualidade de vida: As tecnologias de IA melhoram os resultados dos cuidados de saúde, optimizam a gestão dos recursos na agricultura e melhoram o acesso à educação e aos serviços essenciais. Isto contribui para melhorar a qualidade de vida a nível mundial, especialmente em comunidades carenciadas.

Desafios da globalização impulsionada pela IA

Fosso digital e desigualdade: A distribuição desigual das tecnologias de IA exacerba as disparidades existentes entre os países desenvolvidos e os países em desenvolvimento. O fosso digital limita o acesso às inovações impulsionadas pela IA, às infra-estruturas digitais e às oportunidades de participação económica, aumentando as desigualdades a nível mundial.

Preocupações éticas e regulamentares: A IA levanta questões éticas relacionadas com a privacidade, a parcialidade, a responsabilidade e a transparência. As considerações éticas no desenvolvimento e implantação da IA são cruciais para garantir a equidade, atenuar os preconceitos e proteger os direitos dos utilizadores a nível mundial. Os quadros regulamentares devem evoluir para enfrentar estes desafios, promovendo simultaneamente a inovação e salvaguardando os interesses da sociedade.

Deslocação de postos de trabalho e requalificação: A automatização e as tecnologias impulsionadas pela IA podem levar à deslocação de postos de trabalho em sectores que dependem de tarefas de rotina. Garantir uma transição justa para os trabalhadores afectados pela automação requer programas robustos de requalificação e melhoria de competências para preparar a força de trabalho para empregos na economia digital.

Riscos de segurança e privacidade: Os sistemas de IA que recolhem e processam grandes quantidades de dados suscitam preocupações sobre ameaças à cibersegurança, violações de dados e acesso não autorizado. A proteção da privacidade dos dados e a garantia de medidas de cibersegurança são essenciais para manter a confiança nas tecnologias de IA e salvaguardar informações sensíveis a nível mundial.

Cooperação internacional e governação: A globalização impulsionada pela IA requer cooperação internacional e harmonização de políticas para enfrentar os desafios transfronteiriços. São necessários esforços de colaboração para estabelecer normas, directrizes e protocolos para o desenvolvimento, implementação e utilização ética da IA a uma escala global.

Estratégias para enfrentar os desafios e maximizar as oportunidades

Promover o desenvolvimento inclusivo: Colmatar o fosso digital através de investimentos em infra-estruturas digitais, conetividade e programas de literacia digital garante um acesso equitativo às tecnologias de IA e oportunidades de participação económica.

Desenvolvimento ético da IA: A integração de princípios éticos na investigação, conceção e implementação da IA promove a justiça, a transparência, a responsabilidade e soluções de IA centradas no ser humano. As directrizes e os quadros éticos devem orientar as práticas de desenvolvimento da IA e as políticas regulamentares a nível mundial.

Investir na educação e no desenvolvimento de competências: Equipar os indivíduos com competências digitais, literacia em IA e competências adaptativas prepara a força de trabalho para empregos em indústrias orientadas para a IA. As iniciativas de aprendizagem ao longo da vida e os programas de requalificação apoiam as transições de carreira e promovem a resiliência económica num mercado de trabalho em rápida evolução.

Reforço das medidas de cibersegurança: O reforço das infra-estruturas de cibersegurança, dos protocolos de proteção de dados e dos quadros regulamentares atenua os riscos associados à recolha e ao tratamento de dados orientados para a IA. A colaboração entre as partes interessadas garante práticas robustas de cibersegurança e salvaguardas contra ameaças cibernéticas.

Colaboração internacional e governação: Fomentar a cooperação internacional, a partilha de conhecimentos e a criação de capacidades promove normas globais, melhores práticas e harmonização regulamentar na governação da IA. As iniciativas e parcerias multilaterais facilitam o desenvolvimento de ecossistemas de IA inclusivos, éticos e sustentáveis em todo o mundo.

A globalização impulsionada pela IA apresenta oportunidades sem precedentes para o crescimento económico, a inovação e o avanço social à escala global. Aproveitar estas oportunidades e, ao mesmo tempo, enfrentar desafios como a desigualdade digital, preocupações éticas, deslocação de empregos e riscos de cibersegurança requer esforços coordenados, colaboração e quadros de governação adaptáveis. Ao promover o desenvolvimento inclusivo, práticas éticas de IA, educação e desenvolvimento de competências, medidas de cibersegurança e cooperação internacional, as partes interessadas podem maximizar os benefícios da globalização impulsionada pela IA para um desenvolvimento global sustentável e equitativo.

CAPÍTULO 3

Impactos económicos da IA

Ashwani Kumar

Escola de Engenharia e Tecnologia

K. R. Mangalam University, Gurugram, Haryana, Índia

Gaurav Kansal

Escola de Engenharia

ABES(IT), Ghaziabad, Uttar Pradesh, Índia

Introdução

A Inteligência Artificial (IA) surgiu como uma força transformadora no aumento da produtividade e da eficiência em vários sectores. Esta secção explora a forma como as tecnologias de IA optimizam processos, automatizam tarefas e impulsionam eficiências operacionais, acabando por impulsionar a produção económica e a competitividade.

Introdução ao papel da IA no aumento da produtividade e da eficiência

A Inteligência Artificial (IA) está a revolucionar as indústrias ao aumentar as capacidades humanas e ao permitir que as máquinas executem tarefas com maior velocidade, precisão e fiabilidade. Desde o fabrico e os cuidados de saúde até às finanças e ao retalho, as aplicações de IA estão a remodelar os fluxos de trabalho, optimizando a utilização de recursos e proporcionando ganhos de produtividade tangíveis.

Exemplos de aplicações de IA em diferentes sectores

1. Fabrico: Os sistemas de robótica e automação alimentados por IA simplificam os processos de produção, reduzindo os tempos de ciclo e minimizando os erros. Empresas como a Tesla e a Fanuc utilizam a IA

para manutenção preditiva, controlo de qualidade e operações de fabrico autónomas, aumentando a produtividade e mantendo a vantagem competitiva.

2. Cuidados de saúde: As tecnologias orientadas para a IA, como a análise de imagens médicas e a análise preditiva, melhoram a precisão do diagnóstico, o planeamento do tratamento e os resultados dos cuidados aos doentes. Plataformas como o IBM Watson Health e o Google Health utilizam algoritmos de IA para ajudar os profissionais de saúde a interpretar dados médicos, otimizar fluxos de trabalho clínicos e fazer avançar a medicina personalizada.

3. Finanças: As instituições financeiras tiram partido da IA para a deteção de fraudes, avaliação de riscos, negociação algorítmica e automatização do serviço ao cliente. Os algoritmos de IA analisam vastos conjuntos de dados para detetar anomalias, prever tendências de mercado e fornecer aconselhamento financeiro personalizado, melhorando a eficiência operacional e impulsionando o crescimento das receitas.

4. Retalho: Os sistemas de recomendação alimentados por IA personalizam as experiências dos clientes, analisando o comportamento e as preferências de compra. Empresas como a Amazon e a Netflix utilizam algoritmos de IA para recomendar produtos e conteúdos adaptados às preferências individuais, aumentando as vendas e a satisfação dos clientes.

Vantagens da automatização e otimização baseadas em IA

A adoção de tecnologias de IA conduz a ganhos de produtividade significativos e a poupanças de custos em todos os sectores. Ao automatizar as tarefas de rotina e otimizar os fluxos de trabalho operacionais, as empresas simplificam os processos, reduzem as despesas operacionais e melhoram a eficiência global. A análise preditiva com base em IA permite a tomada de decisões proactivas, atenua os riscos e optimiza a atribuição de recursos, aumentando a agilidade das empresas e a capacidade de resposta à dinâmica do mercado.

Desafios e considerações na implementação da IA para ganhos de produtividade

Apesar do seu potencial transformador, a adoção da IA apresenta desafios relacionados com a privacidade dos dados, a cibersegurança, as considerações éticas e a preparação da força de trabalho. A proteção de dados sensíveis, a garantia de que os algoritmos de IA são imparciais e transparentes e a atualização das competências dos funcionários para trabalharem em conjunto com as tecnologias de IA são fundamentais para uma implementação bem-sucedida e para melhorias sustentáveis da produtividade.

Tendências e oportunidades futuras na IA para aumentar a produtividade

Olhando para o futuro, os avanços nas tecnologias de IA, como a aprendizagem automática, o processamento de linguagem natural (PNL) e a automatização robótica de processos (RPA), irão revolucionar ainda mais a produtividade e a eficiência. Os sistemas autónomos e as ferramentas de apoio à decisão com base em IA permitirão às organizações inovar, otimizar as operações e proporcionar maior valor às partes interessadas.

A IA é um catalisador para aumentar a produtividade e a eficiência em todos os sectores, impulsionando o crescimento económico e a competitividade a nível mundial. Ao tirar partido das tecnologias de IA de forma responsável, as empresas podem desbloquear novas oportunidades de crescimento, otimizar o desempenho operacional e enfrentar os desafios para alcançar um sucesso sustentável na era digital. A colaboração, o investimento em investigação e desenvolvimento de IA e a adaptação contínua aos avanços tecnológicos são essenciais para maximizar o impacto positivo da IA na produtividade e moldar um futuro onde a inovação prospera.

Crescimento económico impulsionado pela IA

A Inteligência Artificial (IA) não está apenas a transformar as indústrias, mas também a servir de catalisador para o crescimento económico a nível mundial. Esta secção analisa a forma como a IA contribui para a expansão económica, promove a inovação e remodela as indústrias para criar novas oportunidades e aumentar a competitividade.

Panorama da contribuição da IA para o crescimento económico

As tecnologias de IA desempenham um papel fundamental na promoção do crescimento económico, aumentando a produtividade, estimulando a inovação e gerando novos fluxos de receitas. À medida que as empresas e os governos aproveitam as capacidades de IA, desbloqueiam novas eficiências, optimizam a atribuição de recursos e impulsionam o desenvolvimento económico em diversos sectores.

Principais sectores que beneficiam do crescimento económico impulsionado pela IA

1. Sector tecnológico: As inovações da IA em veículos autónomos, dispositivos inteligentes e serviços de computação em nuvem revolucionam as indústrias e as experiências dos consumidores. Empresas como a Google, a Apple e a Microsoft lideram a investigação e o desenvolvimento da IA, impulsionando os avanços tecnológicos e a liderança do mercado global.

2. Sector dos cuidados de saúde: As aplicações de IA nos cuidados de saúde melhoram a precisão dos diagnósticos, os resultados dos cuidados aos doentes e os processos de descoberta de medicamentos. Plataformas como o IBM Watson Health e o DeepMind Health utilizam algoritmos de

IA para analisar dados médicos, melhorar a eficácia do tratamento e promover a medicina personalizada.

3. Serviços financeiros: A IA transforma os serviços financeiros automatizando tarefas de rotina, optimizando a gestão do risco e melhorando o serviço ao cliente através de chatbots e assistentes virtuais. Tanto as startups de Fintech como os bancos estabelecidos utilizam a IA para deteção de fraudes, negociação algorítmica e aconselhamento financeiro personalizado, impulsionando a eficiência operacional e a satisfação do cliente.

4. Fabrico e logística: A robótica alimentada por IA e a análise preditiva optimizam os processos de fabrico, a gestão da cadeia de abastecimento e as operações logísticas. As empresas utilizam a IA para manutenção preditiva, controlo de qualidade e gestão de inventário, reduzindo custos, melhorando a qualidade dos produtos e satisfazendo eficazmente as exigências dos consumidores.

Impacto da IA na criação de emprego, no desenvolvimento de competências e na transformação da força de trabalho

Embora a automatização impulsionada pela IA possa perturbar as funções profissionais tradicionais, também cria novas oportunidades e transforma as profissões existentes. Os especialistas em IA, os cientistas de dados e os especialistas em ética da IA estão a ser procurados à medida que as organizações investem no desenvolvimento de talentos de IA e em iniciativas de melhoria de competências. Os governos e as instituições de ensino desempenham um papel fundamental na preparação da força de trabalho para as indústrias impulsionadas pela IA através de programas de formação profissional e iniciativas de aprendizagem ao longo da vida.

Políticas e investimentos governamentais que promovem o crescimento económico impulsionado pela IA

Os governos de todo o mundo formulam políticas e investem na investigação, infraestrutura e literacia digital da IA para estimular a inovação e a competitividade económica. As iniciativas que apoiam as startups de IA, promovem o desenvolvimento de infra-estruturas digitais e regulam a implantação da IA garantem a adoção ética da IA, mitigam os riscos e salvaguardam os interesses da sociedade.

Implicações éticas e sociais da IA no desenvolvimento económico

A IA suscita preocupações éticas relacionadas com a privacidade, a parcialidade, a transparência e a responsabilidade. Estabelecer directrizes éticas e quadros regulamentares é crucial para garantir que as tecnologias de IA beneficiam a sociedade de forma responsável e defendem princípios de justiça, inclusão e direitos humanos. A colaboração entre governos, líderes da indústria e sociedade civil é essencial para moldar políticas de IA que promovam o desenvolvimento ético da IA e mitiguem os riscos potenciais.

Perspectivas futuras e desafios para sustentar o crescimento económico impulsionado pela IA

Olhando para o futuro, o papel da IA no crescimento económico continuará a expandir-se com os avanços nas tecnologias de IA e uma adoção mais ampla em todas as indústrias. No entanto, desafios como as complexidades regulamentares, as ameaças à cibersegurança e os dilemas éticos requerem um diálogo contínuo, quadros de governação adaptáveis e cooperação internacional para uma navegação eficaz.

A IA é uma força transformadora que impulsiona o crescimento económico, a inovação e a competitividade global. Ao aproveitar as tecnologias de IA de forma responsável, os governos, as empresas e as sociedades podem desbloquear novas oportunidades, enfrentar os desafios globais e promover o desenvolvimento económico inclusivo. A colaboração, o investimento na investigação e educação em IA e as considerações éticas são essenciais para maximizar o impacto positivo da IA no crescimento económico e moldar um futuro em que a IA beneficie todos.

O papel da IA na criação de novas oportunidades económicas

A Inteligência Artificial (IA) não só aumenta a produtividade como também cria novas oportunidades económicas ao impulsionar a inovação, fomentar o empreendedorismo e expandir o acesso ao mercado.

Exploração da forma como a IA cria novas oportunidades de negócio e fluxos de receitas

As tecnologias de IA permitem que as empresas inovem e criem novos produtos, serviços e modelos de negócio que satisfaçam a evolução das exigências dos consumidores. Tanto as empresas em fase de arranque como as já estabelecidas tiram partido da IA para analisar o mercado, obter informações sobre os clientes e otimizar as operações, obtendo vantagens competitivas e expandindo o alcance do mercado.

Estudos de casos de empresas em fase de arranque e empresas que tiram partido da IA para inovar

1. DeepMind (Reino Unido): Fundada em 2010, a DeepMind é especializada em investigação e desenvolvimento de IA, centrando-se em aplicações nos cuidados de saúde, robótica e jogos. Os algoritmos de IA da DeepMind fazem avançar os diagnósticos médicos, os sistemas autónomos e as experiências personalizadas dos utilizadores, demonstrando o potencial da IA para revolucionar as indústrias e impulsionar o crescimento económico.

2. IBM (Estados Unidos): O IBM Watson exemplifica o impacto da IA na transformação das empresas, oferecendo soluções baseadas em IA para os

cuidados de saúde, os serviços financeiros e o envolvimento dos clientes. O IBM Watson Health analisa dados médicos para apoiar a tomada de decisões clínicas, enquanto o IBM Watson Analytics melhora a inteligência empresarial e as capacidades de análise preditiva, permitindo às empresas inovar e adaptar-se à dinâmica do mercado de forma eficaz.

O papel da IA na perturbação do mercado e na vantagem competitiva

A IA perturba os modelos de negócio tradicionais ao automatizar processos, otimizar fluxos de trabalho operacionais e antecipar tendências de mercado. As empresas que integram a IA nas suas estratégias ganham agilidade, capacidade de resposta e vantagem competitiva em ambientes de mercado dinâmicos. Por exemplo, os sistemas de recomendação alimentados por IA no comércio eletrónico e as campanhas de marketing personalizadas impulsionam o envolvimento dos clientes, aumentam a fidelidade à marca e aumentam o crescimento das receitas.

Oportunidades para as pequenas empresas e as economias emergentes na adoção da IA

A IA democratiza o acesso à tecnologia, oferecendo soluções escaláveis que permitem às pequenas empresas e às economias emergentes competir a nível mundial. As plataformas de IA baseadas na nuvem e as ferramentas de IA de código aberto permitem uma adoção rentável, permitindo que as empresas em fase de arranque inovem e aumentem as operações sem investimentos iniciais substanciais em infra-estruturas. Além disso, as inovações impulsionadas pela IA na agricultura, nos cuidados de saúde e na educação melhoram a prestação de serviços, aumentam a produtividade e impulsionam o crescimento económico inclusivo em comunidades carenciadas.

Desafios na expansão das soluções de IA e garantia de inclusão nas oportunidades económicas

Embora a IA apresente oportunidades de inovação e crescimento, a expansão das soluções de IA coloca desafios relacionados com a privacidade dos dados, os riscos de cibersegurança, a conformidade regulamentar e considerações éticas. A resposta a estes desafios exige quadros de governação sólidos, algoritmos de IA transparentes e colaboração entre as partes interessadas para garantir uma implantação responsável da IA e proteger os direitos dos consumidores.

A IA é uma força transformadora que impulsiona o dinamismo económico, a inovação e a conetividade global. Ao tirar partido das tecnologias de IA de forma responsável, as empresas, os governos e as sociedades podem desbloquear novas oportunidades económicas, enfrentar os desafios globais e promover o desenvolvimento sustentável. A colaboração, o investimento na investigação e desenvolvimento da IA e as considerações éticas são essenciais para maximizar o impacto positivo da IA no crescimento económico e criar um futuro em que os avanços tecnológicos beneficiem todos.

Estudos de casos de IA no desenvolvimento económico

A Inteligência Artificial (IA) está a desempenhar um papel fundamental na promoção do desenvolvimento económico a nível mundial, transformando as indústrias, criando novas oportunidades de emprego e promovendo a inovação.

Introdução ao impacto da IA no desenvolvimento económico

As tecnologias de IA estão a revolucionar as indústrias tradicionais e a catalisar novas oportunidades económicas em todo o mundo. Desde a produção avançada e os cuidados de saúde até às finanças e à agricultura, as inovações impulsionadas pela IA estão a remodelar os cenários económicos, a impulsionar a competitividade e a promover o crescimento sustentável.

Estudos de casos pormenorizados sobre a adoção da IA em diferentes países e indústrias

1. IA nos cuidados de saúde:

Países como os Estados Unidos e a China foram pioneiros em aplicações de IA nos cuidados de saúde, tirando partido dos algoritmos de IA para a análise de imagens médicas, recomendações de tratamento personalizado e descoberta de medicamentos. Por exemplo, a empresa PathAI, sediada nos EUA, utiliza a IA para ajudar os patologistas a diagnosticar doenças a partir de imagens de patologia digital, melhorando a precisão do diagnóstico e os resultados para os doentes.

2. IA na indústria transformadora:

O sector industrial da Alemanha exemplifica o impacto transformador da IA na produção. Empresas como a Siemens e a BMW integram a robótica e a automação impulsionadas pela IA para otimizar os processos de produção, reduzir os custos e melhorar a qualidade dos produtos. Os sistemas de manutenção preditiva alimentados por IA previnem falhas no equipamento, minimizando o tempo de inatividade e optimizando a eficiência operacional.

3. A IA nas finanças:

O Reino Unido é líder na aplicação da IA aos serviços financeiros, melhorando a gestão do risco, a deteção de fraudes e o serviço ao cliente. As startups de fintech, como a Revolut, utilizam algoritmos de IA para a monitorização de transacções em tempo real e aconselhamento financeiro personalizado, perturbando os modelos bancários tradicionais e expandindo o acesso a serviços financeiros inovadores.

4. IA na agricultura:

O Brasil e a Índia demonstram o potencial da IA no desenvolvimento agrícola. As técnicas de agricultura de precisão baseadas em IA optimizam o rendimento das culturas através da análise de dados do solo, padrões climáticos e indicadores de saúde das culturas. Startups como a Agrosmart no Brasil implementam soluções baseadas em IA para a gestão da irrigação, reduzindo o uso de água e melhorando a produtividade agrícola em regiões com recursos limitados.

Impacto da IA na melhoria da produtividade, da eficiência e da competitividade

Nestes estudos de caso, as tecnologias de IA aumentam consistentemente a produtividade, automatizando tarefas de rotina, optimizando a atribuição de recursos e facilitando a tomada de decisões baseadas em dados. As inovações baseadas em IA melhoram a eficiência operacional, reduzem os custos e permitem que as empresas inovem e se adaptem rapidamente às exigências do mercado.

Desafios e lições aprendidas com as implementações de IA em contextos económicos

Embora a IA ofereça benefícios significativos, a sua implementação coloca desafios relacionados com a privacidade dos dados, os riscos de cibersegurança, a conformidade regulamentar e considerações éticas. A resposta a estes desafios exige quadros de governação sólidos, colaboração entre as partes interessadas e uma adaptação contínua aos avanços tecnológicos e às necessidades da sociedade.

Análise comparativa das estratégias de IA nas economias desenvolvidas e em desenvolvimento

As economias desenvolvidas são frequentemente líderes na investigação e no desenvolvimento de infra-estruturas de IA, beneficiando de um forte apoio institucional, do acesso ao capital e de uma mão de obra qualificada. Em contrapartida, as economias em desenvolvimento enfrentam obstáculos como o acesso limitado a conhecimentos especializados em IA, lacunas nas infra-estruturas digitais e desigualdades socioeconómicas. No entanto, as iniciativas que promovem a adoção da IA e o desenvolvimento de capacidades podem capacitar as economias em desenvolvimento para aproveitar o potencial transformador da IA e acelerar o crescimento económico.

Direcções futuras e recomendações políticas para maximizar o impacto da IA no desenvolvimento económico

Olhando para o futuro, os decisores políticos devem dar prioridade aos investimentos em investigação, educação e infra-estruturas digitais de IA para promover a inovação e a resiliência económica. As colaborações estratégicas entre governos, universidades e partes interessadas da indústria podem impulsionar a adoção inclusiva da IA, mitigar riscos e garantir o acesso equitativo às oportunidades impulsionadas pela IA em diversos setores e regiões.

A IA é um poderoso motor de desenvolvimento económico, oferecendo oportunidades transformadoras para empresas, governos e sociedades em todo o mundo. Ao aproveitar as tecnologias de IA de forma responsável, enfrentar os desafios e promover o crescimento inclusivo, os países podem abrir novos caminhos para a prosperidade, a criação de emprego e o desenvolvimento sustentável. A colaboração, o investimento na investigação e desenvolvimento da IA e as considerações éticas são essenciais para maximizar o impacto positivo da IA no desenvolvimento económico e moldar um futuro em que a IA beneficie todos.

CAPÍTULO 4

IA para um crescimento inclusivo

Sudesh Singh

Departamento de Informática

NIET, Greater Noida, Uttar Pradesh, Índia

Ashwani Kumar

Escola de Engenharia e Tecnologia

K. R. Mangalam University, Gurugram, Haryana, Índia

Introdução

As disparidades económicas persistem em todo o mundo, com diferenças significativas entre os países desenvolvidos e os países em desenvolvimento, bem como dentro das regiões de um mesmo país. Estas disparidades são evidentes nos níveis de rendimento, no acesso aos cuidados de saúde, à educação e à tecnologia. A Inteligência Artificial (IA) oferece uma solução transformadora para estes desafios, aumentando a produtividade, optimizando a atribuição de recursos e promovendo um crescimento económico inclusivo.

Iniciativas de IA que visam as disparidades económicas

O potencial da IA para reduzir as disparidades económicas é evidente em várias iniciativas inovadoras em todo o mundo. Por exemplo, em África, a plataforma M-Pesa do Quénia utiliza a IA para melhorar os serviços financeiros móveis, proporcionando às populações não bancarizadas acesso a serviços financeiros, melhorando assim a inclusão económica. Da mesma forma, na Índia, as tecnologias agrícolas baseadas em IA, como as desenvolvidas pela startup AgroStar, fornecem aos agricultores previsões meteorológicas, avaliações da saúde do solo e deteção de pragas, aumentando significativamente a produtividade e o rendimento agrícola.

Desafios na implementação da IA para a equidade económica

Apesar do seu potencial, a implementação da IA para colmatar as disparidades económicas está repleta de desafios. Questões como a privacidade dos dados, os riscos de cibersegurança e o fosso digital têm de ser abordadas. Além disso, a implementação da IA em áreas economicamente desfavorecidas exige um investimento substancial em infra-estruturas digitais, educação e desenvolvimento de capacidades. Além disso, as considerações éticas, incluindo o risco de parcialidade da IA e a necessidade de transparência nos algoritmos de IA, são fundamentais para garantir que as tecnologias de IA sejam justas e inclusivas.

Estudos de casos que ilustram o impacto da IA

Programa de Alívio à Pobreza da China: A China tem tirado partido da IA nos seus programas de redução da pobreza, utilizando modelos de aprendizagem automática para analisar imagens de satélite e dados de recenseamento para identificar regiões empobrecidas e otimizar a atribuição de recursos de forma eficaz. Esta iniciativa ajudou a reduzir significativamente os níveis de pobreza, garantindo que a ajuda e os projectos de desenvolvimento são direccionados com maior precisão.

IA na educação latino-americana: Na América Latina, plataformas alimentadas por IA, como a NuCleo, estão a transformar a educação, proporcionando experiências de aprendizagem personalizadas a alunos carenciados. Essas plataformas usam IA para se adaptar aos ritmos e estilos de aprendizagem individuais, melhorando os resultados educacionais e reduzindo o fosso educacional.

Estratégias para ultrapassar os obstáculos

Para maximizar o impacto da IA na redução das disparidades económicas, são essenciais várias estratégias:

Investimento em infra-estruturas digitais: Os governos e as organizações internacionais devem investir em infra-estruturas digitais robustas para garantir a conetividade em áreas remotas e mal servidas.

Promover a literacia digital: As iniciativas para melhorar a literacia digital são cruciais. Isto inclui programas de formação para que as comunidades desenvolvam competências em IA e tecnologias digitais, permitindo-lhes assim participar plenamente na economia digital.

Criar políticas de IA inclusivas: É essencial desenvolver políticas que promovam o uso ético da IA e garantam que os benefícios da IA sejam distribuídos de forma equitativa. Isto inclui regulamentos para evitar a deslocação de postos de trabalho impulsionada pela IA e iniciativas para apoiar os trabalhadores em transição para novas funções.

A IA tem potencial para colmatar as disparidades económicas através do aumento da produtividade, da promoção da inovação e da criação de novas oportunidades. No entanto, a concretização deste potencial exige esforços concertados dos governos, das empresas e da sociedade civil para enfrentar os desafios relacionados com as infra-estruturas, a educação e o desenvolvimento ético da IA. Trabalhando em conjunto, as partes interessadas podem garantir que as tecnologias de IA contribuem para um mundo mais equitativo e próspero.

Capacitar comunidades marginalizadas com IA

As comunidades marginalizadas enfrentam frequentemente barreiras significativas à inclusão económica e social. Estas barreiras incluem o acesso limitado à educação, aos cuidados de saúde, aos serviços financeiros e à tecnologia. A IA oferece uma via promissora para capacitar estas comunidades, fornecendo soluções que melhoram a sua qualidade de vida e oportunidades económicas.

Iniciativas de IA que capacitam comunidades marginalizadas

As tecnologias de IA estão a ser aproveitadas para responder aos desafios únicos enfrentados pelas comunidades marginalizadas:

Acesso aos cuidados de saúde: Na Índia, a plataforma alimentada por IA, Niramai, utiliza imagens térmicas e IA para detetar o cancro da mama numa fase inicial, tornando o rastreio acessível e económico para as mulheres nas zonas rurais. Esta tecnologia tem o potencial de reduzir significativamente a incidência de diagnósticos de cancro em fase tardia em comunidades carenciadas.

Ferramentas educativas: As plataformas educativas baseadas em IA, como a aprendizagem personalizada da Khan Academy, adaptam os conteúdos às necessidades individuais de aprendizagem, tornando a educação de qualidade acessível aos estudantes das comunidades marginalizadas. Estas ferramentas ajudam a colmatar o fosso educativo, fornecendo experiências de aprendizagem personalizadas que respondem a diversos estilos e ritmos de aprendizagem.

Inclusão financeira: As soluções fintech alimentadas por IA, como as desenvolvidas pela Tala, fornecem microempréstimos a indivíduos em países em desenvolvimento com base nos dados dos seus telemóveis, permitindo a inclusão financeira de pessoas sem serviços bancários tradicionais. Isto capacitou milhões de pessoas ao proporcionar-lhes acesso ao crédito, promovendo assim o empreendedorismo e o crescimento económico.

Implicações éticas e sociais

Embora a IA apresente inúmeras oportunidades para capacitar as comunidades marginalizadas, também suscita preocupações éticas e sociais significativas:

Preconceitos nos algoritmos de IA: Os sistemas de IA podem perpetuar os preconceitos existentes se não forem cuidadosamente concebidos. Por exemplo, os sistemas de reconhecimento facial revelaram taxas de erro mais elevadas para as mulheres e as pessoas de cor. A resolução destes preconceitos é crucial para garantir que as tecnologias de IA não reforçam as desigualdades sociais.

Envolvimento da comunidade: É essencial envolver as comunidades marginalizadas na conceção e implementação de soluções de IA para garantir que estas tecnologias sejam culturalmente sensíveis e satisfaçam as suas necessidades específicas. Esta abordagem aumenta a relevância e a eficácia das intervenções de IA.

Recomendações políticas

Para promover a capacitação em IA das comunidades marginalizadas, os decisores políticos devem considerar as seguintes estratégias:

Desenvolver políticas de IA inclusivas: Criar políticas que garantam que as tecnologias de IA sejam acessíveis e benéficas para todos, particularmente para os grupos marginalizados. Isso inclui regulamentos que promovam a privacidade dos dados, a transparência e a justiça nos algoritmos de IA.

Apoiar o desenvolvimento de capacidades: Investir em programas de educação e treinamento que equipem as comunidades marginalizadas com as habilidades necessárias para prosperar em uma economia impulsionada pela IA. Isso inclui iniciativas para promover a educação STEM e a alfabetização digital.

Fomentar a colaboração entre as várias partes interessadas: Incentivar a colaboração entre governos, ONGs, universidades e o setor privado para desenvolver e implementar soluções de IA que atendam às necessidades das comunidades marginalizadas. Essa abordagem colaborativa pode ajudar a alavancar diversos conhecimentos e recursos para maximizar o impacto das iniciativas de IA.

A IA tem um potencial transformador para capacitar as comunidades marginalizadas, melhorando o acesso aos cuidados de saúde, à educação e aos serviços financeiros. No entanto, para concretizar este potencial, é essencial abordar questões éticas, promover políticas inclusivas e envolver as comunidades no desenvolvimento e implementação de tecnologias de IA. Ao fazê-lo, podemos criar uma sociedade mais equitativa e justa em que os benefícios da IA sejam acessíveis a todos.

Histórias de sucesso de IA para promover o crescimento inclusivo

O crescimento inclusivo visa assegurar que o desenvolvimento económico beneficie todos os sectores da sociedade, reduzindo as desigualdades e promovendo a coesão social. A IA é cada vez mais reconhecida como uma ferramenta poderosa para impulsionar o crescimento inclusivo, promovendo a inovação, criando empregos e melhorando o acesso a serviços essenciais.

Agricultura na Índia: As soluções orientadas para a IA, como as oferecidas pela Agri10x, estão a transformar a agricultura na Índia. Estas soluções utilizam a IA para analisar a saúde dos solos, os padrões climáticos e os dados das culturas, ajudando os agricultores a aumentar os rendimentos e a reduzir os custos. Esta tecnologia capacitou os pequenos agricultores, fornecendo-lhes informações baseadas em dados, aumentando assim a segurança alimentar e melhorando os meios de subsistência.

Cuidados de saúde em África: No Quénia, a empresa mHealth Africa utiliza a IA para gerir e analisar dados de saúde, melhorando a eficiência da prestação de cuidados de saúde. As ferramentas baseadas em IA ajudam a rastrear surtos de doenças, a gerir registos de pacientes e a otimizar a atribuição de recursos, melhorando significativamente os resultados dos cuidados de saúde em regiões mal servidas.

Educação na América Latina: Plataformas educacionais orientadas por IA, como a Kira Talent, estão revolucionando a educação na América Latina. Essas plataformas usam IA para avaliar as habilidades dos alunos e combiná-los com programas educacionais e bolsas de estudo adequados, aumentando assim o acesso à educação de qualidade para alunos marginalizados.

Desafios e lições aprendidas

A implementação da IA para um crescimento inclusivo implica desafios que devem ser enfrentados para garantir resultados sustentáveis e equitativos:

Privacidade e segurança dos dados: Garantir a privacidade e a segurança dos dados é crucial, especialmente quando se trata de informações sensíveis relacionadas com a saúde e as finanças pessoais. O desenvolvimento de quadros sólidos de proteção de dados é essencial para criar confiança e garantir a utilização ética da IA.

Preconceito e equidade: Abordar o preconceito nos algoritmos de IA é fundamental para evitar a discriminação e garantir que as tecnologias de IA sirvam todas as comunidades de forma justa. Para tal, é necessário um acompanhamento e uma avaliação contínuos dos sistemas de IA para detetar e atenuar os enviesamentos.

Escalabilidade e sustentabilidade: Escalar as soluções de IA para alcançar populações mais amplas, mantendo a sua eficácia e sustentabilidade, é um desafio significativo. Requer investimento em infra-estruturas, reforço de capacidades e inovação contínua para se adaptar às necessidades e contextos em mudança.

Perspectivas futuras

O futuro da IA na promoção do crescimento inclusivo parece promissor, com várias tendências emergentes:

IA para impacto social: Cada vez mais, as organizações estão a utilizar a IA para enfrentar desafios sociais, desde a redução da pobreza às alterações climáticas. Iniciativas como a AI for Good e parcerias entre empresas de tecnologia e ONGs estão a impulsionar a inovação neste espaço.

Inovação colaborativa: A colaboração entre as várias partes interessadas é essencial para escalar soluções de IA que promovam o crescimento inclusivo. Os governos, as empresas e a sociedade civil devem trabalhar em conjunto para criar ecossistemas que apoiem a inovação e garantir que os benefícios da IA sejam amplamente partilhados.

A IA é uma força transformadora na promoção do crescimento inclusivo, oferecendo soluções inovadoras para alguns dos desafios mais prementes do mundo. Ao tirar partido das capacidades da IA de forma responsável e inclusiva, podemos impulsionar o desenvolvimento económico, melhorar a qualidade de vida e criar um mundo mais equitativo e próspero para todos. O investimento contínuo em investigação sobre IA, orientações éticas e iniciativas de colaboração é essencial para garantir que as tecnologias de IA contribuem para um crescimento sustentável e inclusivo.

Políticas e estratégias para uma IA inclusiva

À medida que as tecnologias de IA avançam, há uma necessidade crescente de políticas que garantam que essas inovações sejam desenvolvidas e implantadas de forma a promover a inclusão e a equidade. As políticas de IA inclusivas são concebidas para enfrentar os desafios das clivagens digitais, as considerações éticas e a necessidade de benefícios alargados das tecnologias de IA.

Princípios para a conceção de sistemas de IA inclusivos

Os sistemas de IA inclusivos devem aderir a princípios como a transparência, a responsabilidade, a equidade e a inclusão:

Transparência: Os algoritmos de IA e os processos de tomada de decisão devem ser transparentes e compreensíveis para os utilizadores e as partes interessadas, garantindo a responsabilização e a confiança.

Responsabilidade: Devem existir mecanismos para responsabilizar os sistemas de IA pelas suas acções e resultados, incluindo mecanismos de reparação para as pessoas afectadas pelas decisões da IA.

Equidade: Os sistemas de IA devem ser concebidos para evitar preconceitos e discriminação, garantindo um tratamento justo e resultados equitativos para todos os indivíduos e comunidades.

Inclusão: As tecnologias de IA devem ser acessíveis e benéficas para diversas populações, incluindo comunidades marginalizadas e regiões mal servidas.

Quadros regulamentares e governação

A existência de quadros regulamentares eficazes é essencial para orientar o desenvolvimento e a implantação responsáveis das tecnologias de IA:

Privacidade dos dados: Os regulamentos devem proteger os direitos de privacidade dos indivíduos e garantir o tratamento seguro dos dados pessoais, especialmente das informações sensíveis utilizadas pelos sistemas de IA.

Directrizes éticas: Os governos e as organizações devem estabelecer directrizes éticas para o desenvolvimento da IA, abordando questões como a parcialidade da IA, a transparência algorítmica e as implicações éticas das aplicações da IA.

Cooperação internacional: Dada a natureza global das tecnologias de IA, a cooperação internacional é crucial para harmonizar as normas, partilhar as melhores práticas e enfrentar os desafios transfronteiriços.

Promover a diversidade e a inclusão no desenvolvimento da IA

A diversidade nas equipas de IA e nas partes interessadas é essencial para desenvolver tecnologias que reflictam perspectivas e necessidades diversas:

Representação diversificada: Incentivar a diversidade na investigação em IA, nas equipas de desenvolvimento e nos órgãos de decisão pode conduzir a tecnologias de IA mais inclusivas.

Práticas de conceção inclusivas: A adoção de práticas de conceção inclusivas garante que os sistemas de IA são acessíveis e utilizáveis por indivíduos com capacidades e antecedentes diversos.

Envolvimento da comunidade: O envolvimento das partes interessadas, incluindo organizações da sociedade civil e comunidades afectadas, nos processos de elaboração de políticas de IA promove a transparência e a responsabilização.

A implementação de políticas de IA inclusivas enfrenta vários desafios:

Complexidade e rápido avanço tecnológico: As tecnologias de IA evoluem rapidamente, desafiando os quadros regulamentares a acompanharem os avanços tecnológicos.

Restrições de recursos: O desenvolvimento e a aplicação de políticas de IA eficazes requerem recursos financeiros, conhecimentos técnicos e capacidade institucional.

Variabilidade global: As políticas de IA devem ter em conta os diversos contextos jurídicos, culturais e socioeconómicos dos diferentes países e regiões.

Para enfrentar estes desafios, os governos, as organizações internacionais e os líderes do sector podem colaborar para

Investir em investigação e desenvolvimento: Promover a inovação no domínio da IA, assegurando simultaneamente que os benefícios são partilhados equitativamente entre as sociedades.

Reforço de capacidades: Fornecer formação e recursos aos decisores políticos, reguladores e criadores de IA para melhorar a sua compreensão das tecnologias de IA e das suas implicações.

Sensibilização e educação do público: Sensibilizar o público em geral para as tecnologias de IA, os seus potenciais benefícios e os riscos associados.

Políticas e estratégias inclusivas de IA são essenciais para aproveitar todo o potencial das tecnologias de IA, garantindo que elas beneficiem todos os indivíduos e comunidades. Ao promover a transparência, a equidade e a inclusão no desenvolvimento e implantação da IA, os decisores políticos podem criar um ambiente regulamentar que fomente a inovação, proteja os valores sociais e promova o crescimento económico sustentável. A colaboração entre as partes interessadas é fundamental para enfrentar os desafios e oportunidades apresentados pela IA, preparando o caminho para um futuro em que as tecnologias de IA contribuam positivamente para a prosperidade e o bem-estar globais.

CAPÍTULO 5

Deslocação e criação de emprego

Sanjay Singh

Escola de Engenharia e Tecnologia Amity

Universidade de Amity, Uttar Pradesh, Índia

Ashwani Kumar

Escola de Engenharia e Tecnologia

K. R. Mangalam University, Gurugram, Haryana, Índia

Introdução

O advento da Inteligência Artificial (IA) trouxe mudanças profundas ao mercado de trabalho global, influenciando a deslocação e a criação de empregos em vários sectores. Este processo dinâmico está a remodelar a economia, apresentando desafios e oportunidades. Compreender estas mudanças é crucial para os decisores políticos, as empresas e os trabalhadores navegarem na paisagem em evolução.

Deslocação profissional

A deslocação do emprego refere-se ao fenómeno em que os trabalhadores humanos são substituídos por tecnologias de IA que podem executar as mesmas tarefas de forma mais eficiente. Esta deslocação é mais proeminente em indústrias com tarefas rotineiras e repetitivas, como a indústria transformadora, o serviço ao cliente e as funções administrativas.

Sectores afectados

A indústria transformadora é uma das indústrias mais afectadas. As linhas de montagem automatizadas, os soldadores robóticos e os sistemas de controlo de qualidade baseados em IA reduziram significativamente a necessidade de mão de obra manual. Por exemplo, os fabricantes de automóveis como a Tesla utilizam processos de produção altamente automatizados, o que levou a um declínio dos postos de trabalho tradicionais na indústria transformadora.

O serviço ao cliente é outro sector que está a sofrer uma deslocação. Os chatbots e os assistentes virtuais alimentados por IA tratam dos pedidos de informação dos clientes e das tarefas de apoio, reduzindo a necessidade de agentes humanos. No sector bancário, os sistemas orientados para a IA processam transacções, detectam fraudes e prestam aconselhamento financeiro, substituindo muitos trabalhos de rotina.

Na indústria automóvel, a Gigafactory da Tesla mostra a extensão da automatização. A utilização da IA e da robótica na fábrica levou a uma deslocação significativa de postos de trabalho nas funções tradicionais da linha de montagem, embora também tenha criado novas oportunidades na manutenção e desenvolvimento da IA.

Do mesmo modo, a adoção da IA pelo sector bancário para a deteção de fraudes e a automatização do serviço de apoio ao cliente é um exemplo da deslocação de postos de trabalho. Bancos como o JPMorgan Chase utilizam a IA para analisar documentos legais e detetar actividades fraudulentas, reduzindo a necessidade de mão de obra humana.

Funções e sectores emergentes

Embora a IA substitua certos empregos, também cria novas oportunidades em vários domínios. O aumento das tecnologias de IA levou a uma maior procura de funções no desenvolvimento de IA, ciência de dados, aprendizagem automática e cibersegurança.

O desenvolvimento da IA requer profissionais qualificados para conceber, formar e manter sistemas de IA. Os cientistas de dados e os engenheiros de aprendizagem automática são muito procurados para desenvolver algoritmos e analisar dados. Além disso, a integração da IA na cibersegurança criou postos de trabalho centrados na proteção de sistemas contra ciberameaças impulsionadas pela IA.

Procura de competências

Estas funções emergentes exigem competências técnicas especializadas, tais como proficiência em linguagens de programação como Python e R, compreensão de estruturas de aprendizagem automática como TensorFlow e PyTorch, e conhecimentos especializados em análise de dados e computação em nuvem. Além disso, as competências transversais, como a resolução de problemas, o pensamento crítico e a criatividade, são essenciais para a inovação em ambientes orientados para a IA.

Mudanças sectoriais

O sector dos cuidados de saúde ilustra a criação de novas funções devido à integração da IA. A IA é utilizada em diagnósticos médicos, planos de tratamento personalizados e cirurgias robóticas, criando empregos para especialistas em IA, analistas de dados e profissionais de saúde com formação em aplicações de IA.

Impacto nas tendências do emprego

Perda de emprego vs. criação de emprego

O impacto da IA nas tendências do emprego envolve uma interação complexa entre perdas e ganhos de postos de trabalho. Enquanto alguns postos de trabalho são automatizados, surgem novas funções que exigem frequentemente diferentes conjuntos de competências. O efeito líquido varia consoante o sector e a região.

Perspetiva global

Globalmente, as regiões com infra-estruturas tecnológicas avançadas e sistemas educativos sólidos estão mais bem posicionadas para capitalizar a criação de emprego impulsionada pela IA. Em contrapartida, as áreas que não dispõem destes recursos podem registar uma deslocação mais acentuada de postos de trabalho.

Implicações económicas

As implicações económicas da deslocação de empregos induzida pela IA incluem potenciais aumentos da desigualdade de rendimentos e a reestruturação do mercado de trabalho. Os ganhos de produtividade da IA podem levar ao crescimento económico, mas os benefícios podem não ser distribuídos uniformemente. As políticas devem abordar estas disparidades para garantir um crescimento inclusivo.

Respostas e desafios políticos

Quadros políticos

Os governos e as organizações estão a desenvolver políticas para mitigar a deslocação de trabalhadores e promover a criação de emprego. Estas incluem o investimento na educação, o apoio a programas de formação da força de trabalho e a implementação de políticas do mercado de trabalho para proteger os trabalhadores deslocados.

Desafios

Gerir a deslocação de postos de trabalho induzida pela IA implica lidar com o ritmo acelerado das mudanças tecnológicas, adaptar os quadros regulamentares e garantir um acesso equitativo à educação e à formação. O equilíbrio entre inovação e responsabilidade social é fundamental para minimizar os impactos adversos.

Considerações éticas

Equidade e preconceito

Garantir que os sistemas de IA são justos e imparciais é crucial para evitar o agravamento das desigualdades sociais. O desenvolvimento de algoritmos de IA transparentes e responsáveis é essencial para obter resultados equitativos.

Transparência e responsabilidade

Manter a transparência nos processos de tomada de decisões sobre IA gera confiança e responsabilidade. As organizações devem garantir que os sistemas de IA são explicáveis e que os seus impactos são compreendidos pelas partes interessadas.

IA centrada no ser humano

Dar prioridade ao bem-estar humano no desenvolvimento e implementação da IA enfatiza a colaboração entre os criadores de tecnologia, os decisores políticos e os especialistas em ética. É vital garantir que a IA melhora as capacidades humanas e aborda os desafios sociais.

Perspectivas futuras

Avanços tecnológicos

A inovação contínua nas tecnologias de IA irá provavelmente acelerar a automatização, criando novas oportunidades em sectores imprevistos. Manter-se a par destes avanços é crucial para se adaptar à evolução do mercado de trabalho.

Desenvolvimento de competências

A procura de competências relacionadas com a IA irá evoluir, exigindo uma aprendizagem e adaptação contínuas. Investir em programas de aprendizagem ao longo da vida e promover uma cultura de inovação é essencial para se manter competitivo.

Perspetiva global

O impacto da IA nos mercados de trabalho variará entre países e regiões com base nas taxas de adoção tecnológica, no desenvolvimento económico e nas respostas políticas. Os esforços de colaboração a nível internacional podem ajudar a resolver estas disparidades.

Identificar as competências necessárias numa economia orientada para a IA

A rápida integração da Inteligência Artificial (IA) em vários sectores alterou significativamente as competências exigidas na força de trabalho moderna. Identificar e desenvolver estas competências necessárias é crucial para que os indivíduos e as organizações prosperem numa economia orientada para a IA.

Competências técnicas em alta

Programação e desenvolvimento de software

A proficiência em linguagens de programação é fundamental para as funções relacionadas com a IA. Linguagens como Python, R e Java são normalmente utilizadas no desenvolvimento de algoritmos e aplicações de IA. Compreender as estruturas de aprendizagem automática, como TensorFlow, PyTorch e Keras, também é essencial para a implementação de modelos de IA.

Análise e gestão de dados

Os dados são a pedra angular da IA. As competências em análise de dados, extração de dados e gestão de grandes volumes de dados são cruciais. Os profissionais têm de ser peritos no tratamento de grandes conjuntos de dados, na limpeza e pré-processamento de dados e na utilização de ferramentas estatísticas para obter informações.

Aprendizagem automática e aprendizagem profunda

O conhecimento de algoritmos e técnicas de aprendizagem automática é vital. Isto inclui compreender a aprendizagem supervisionada e não supervisionada, a aprendizagem por reforço e as redes neuronais. A aprendizagem profunda, um subconjunto da aprendizagem automática, centra-se em redes neuronais complexas e é particularmente importante para os avanços na IA.

Computação em nuvem e cibersegurança

Como as aplicações de IA dependem frequentemente de infra-estruturas de nuvem, são necessárias competências em plataformas de computação em nuvem como AWS, Azure e Google Cloud. Além disso, os conhecimentos de cibersegurança são essenciais para proteger os sistemas de IA de potenciais ameaças e vulnerabilidades.

Competências transversais para funções orientadas para a IA

Pensamento crítico e resolução de problemas

Os profissionais de IA devem possuir um forte espírito crítico e capacidades de resolução de problemas. Estas competências são cruciais para desenvolver soluções inovadoras, depurar algoritmos complexos e melhorar os modelos de IA.

Criatividade e inovação

A criatividade é essencial no desenvolvimento da IA, nomeadamente na conceção de novas aplicações e na procura de novas abordagens para os desafios. A inovação impulsiona o progresso da IA, conduzindo ao desenvolvimento de tecnologias e soluções de ponta.

Colaboração e comunicação

Os projectos de IA envolvem frequentemente equipas interdisciplinares. São necessárias competências eficazes de colaboração e comunicação para trabalhar com diversos profissionais, incluindo cientistas de dados, engenheiros, especialistas no domínio e partes interessadas da empresa.

Considerações éticas e IA centrada no ser humano

Desenvolvimento ético da IA

Uma vez que os sistemas de IA têm impactos sociais significativos, as considerações éticas são fundamentais. Os profissionais devem compreender e abordar as questões relacionadas com a parcialidade, a equidade, a transparência e a responsabilidade nos algoritmos e aplicações de IA.

Design centrado no ser humano

A IA deve melhorar as capacidades humanas e resolver os problemas do mundo real. Os princípios de conceção centrados no ser humano garantem que as aplicações de IA são fáceis de utilizar, acessíveis e benéficas para a sociedade. Isto implica incorporar o feedback dos utilizadores finais e das partes interessadas ao longo do processo de desenvolvimento.

Competências em matéria de governação e regulamentação

Com a crescente importância da IA ética, estão a surgir funções na governação e regulamentação da IA. Estas posições requerem conhecimentos de quadros regulamentares, directrizes éticas e melhores práticas para uma implementação responsável da IA.

Iniciativas de educação e formação

Programas de educação formal

As universidades e os estabelecimentos de ensino superior estão a adaptar os seus currículos para incluir cursos e graus relacionados com a IA. Estes programas abrangem tópicos essenciais como a aprendizagem automática, a ciência dos dados, a ética da IA e a robótica. A colaboração entre o meio académico e a indústria garante que o ensino se mantém relevante para as necessidades do mercado.

Formação profissional e certificações

Os programas de formação profissional e as certificações oferecem o desenvolvimento de competências práticas em IA. Plataformas online como Coursera, edX e Udacity oferecem cursos especializados e certificações em IA, aprendizado de máquina e ciência de dados, tornando a educação acessível a um público mais amplo.

Formação empresarial e aprendizagem ao longo da vida

As organizações desempenham um papel crucial na requalificação e melhoria das competências da sua força de trabalho. Os programas de formação empresarial centram-se no desenvolvimento de competências relacionadas com a IA, promovendo uma cultura de aprendizagem contínua e incentivando os funcionários a manterem-se actualizados com os últimos avanços.

Programa de residência em IA da Google

O Programa de Residência em IA da Google é uma iniciativa altamente competitiva que oferece experiência prática em investigação e desenvolvimento de IA. Os participantes trabalham em projectos reais, colaboram com os principais investigadores de IA e contribuem para os avanços nesta área.

Iniciativa SkillsBuild da IBM

A iniciativa SkillsBuild da IBM oferece cursos online gratuitos e programas de treinamento em IA, ciência de dados e outras tecnologias emergentes. O programa destina-se a candidatos a emprego, estudantes e profissionais que procuram melhorar as suas competências e melhorar a empregabilidade.

Programas de formação financiados pelo governo

Os governos de todo o mundo estão a investir na educação e formação em IA. Por exemplo, a iniciativa SkillsFuture de Singapura oferece financiamento para cursos relacionados com a IA e incentiva a aprendizagem ao longo da vida. Do mesmo modo, a Coligação para o Emprego e Competências Digitais da União Europeia visa dotar os cidadãos de competências digitais essenciais, incluindo a proficiência em IA.

Desafios e oportunidades

Abordar as lacunas de competências

Um dos principais desafios consiste em colmatar as lacunas de competências da atual força de trabalho. Os rápidos avanços tecnológicos ultrapassam muitas vezes a capacidade de adaptação do sistema educativo, o que leva a um desfasamento entre as competências disponíveis e as exigências do emprego.

Promover a diversidade e a inclusão

É essencial garantir a diversidade e a inclusão nos domínios relacionados com a IA. Equipas diversificadas trazem diferentes perspectivas e ideias, levando a soluções de IA mais inovadoras e éticas. Os esforços para promover a diversidade devem incluir bolsas de estudo, programas de mentoria e iniciativas de divulgação dirigidas a grupos sub-representados.

Adaptação à mudança tecnológica

O ritmo da mudança tecnológica exige uma abordagem proactiva ao desenvolvimento de competências. As instituições de ensino, as empresas e os governos devem colaborar para criar ambientes de aprendizagem flexíveis e adaptáveis que possam responder às necessidades em evolução da indústria.

Perspectivas futuras

Aprendizagem e adaptação contínuas

O futuro do trabalho numa economia orientada para a IA exigirá uma aprendizagem e adaptação contínuas. Os indivíduos devem adotar a aprendizagem ao longo da vida, mantendo-se a par dos avanços tecnológicos e adquirindo novas competências conforme necessário.

Colaboração entre sectores

A colaboração entre o meio académico, a indústria e o governo é crucial para o desenvolvimento de uma mão de obra qualificada. Iniciativas conjuntas, parcerias de investigação e colaborações entre a indústria e o mundo académico podem colmatar o fosso entre o ensino e as exigências do mercado.

Perspetiva global

O impacto da IA na mão de obra mundial variará consoante as regiões. Os países desenvolvidos com infra-estruturas tecnológicas avançadas podem registar uma criação mais rápida de emprego em domínios relacionados com a IA, enquanto os países em desenvolvimento podem enfrentar desafios na requalificação da sua mão de obra. A cooperação internacional e a partilha de conhecimentos podem ajudar a resolver estas disparidades.

Programas de educação e formação para a requalificação e a melhoria das qualificações

À medida que a IA continua a remodelar as indústrias e os mercados de trabalho, a necessidade de programas de requalificação e melhoria de competências torna-se cada vez mais crítica. Estes programas visam equipar a força de trabalho com as competências necessárias para prosperar numa economia orientada para a IA.

A importância da requalificação e da atualização de competências

Adaptação à mudança tecnológica

O ritmo acelerado dos avanços tecnológicos exige uma aprendizagem contínua. Os programas de requalificação e melhoria de competências ajudam os trabalhadores a adaptarem-se às novas tecnologias, garantindo que se mantêm relevantes e competitivos no mercado de trabalho.

Abordar a deslocação de postos de trabalho

A deslocação de empregos induzida pela IA realça a necessidade de programas de requalificação. Os trabalhadores cujos empregos são automatizados podem fazer a transição para novas funções que exigem competências diferentes, reduzindo o desemprego e as perturbações económicas.

Aumentar a produtividade e a inovação

Os programas de requalificação e melhoria de competências aumentam a produtividade, permitindo aos trabalhadores tirar partido das tecnologias de IA de forma eficaz. Os trabalhadores qualificados podem contribuir para a inovação, impulsionando o crescimento económico e o sucesso organizacional.

Tipos de programas de requalificação e atualização de competências

Programas de educação formal

As universidades e os estabelecimentos de ensino superior estão a integrar cursos relacionados com a IA nos seus currículos. Estes programas oferecem conhecimentos fundamentais em IA, ciência de dados e aprendizagem automática, preparando os estudantes para carreiras nestas áreas.

Plataformas de aprendizagem em linha

Plataformas online como Coursera, edX e Udacity oferecem oportunidades de aprendizagem acessíveis e flexíveis. Estas plataformas oferecem cursos, certificações e programas especializados em IA e tecnologias relacionadas, permitindo que os alunos estudem ao seu próprio ritmo.

Programas de formação para empresas

As organizações estão a investir em programas de formação para requalificar e melhorar as competências dos seus colaboradores. Estes programas centram-se frequentemente em competências específicas relevantes para as necessidades da empresa, como o desenvolvimento de IA, a análise de dados e a cibersegurança.

Formação profissional e Bootcamps

Os programas de formação profissional e os bootcamps proporcionam uma formação prática e direta em IA e áreas afins. Estes programas intensivos são concebidos para dotar os formandos de competências prontas para o trabalho num curto espaço de tempo.

Iniciativas governamentais

Os governos estão a implementar políticas e programas de financiamento para apoiar os esforços de requalificação e melhoria de competências. Iniciativas como a SkillsFuture de Singapura e a Digital Skills and Jobs

Coalition da União Europeia visam melhorar a literacia digital e a proficiência em IA.

Componentes-chave de programas eficazes

Conceção do currículo

Os programas eficazes de requalificação e melhoria de competências exigem programas curriculares bem concebidos que abranjam tópicos essenciais em IA, aprendizagem automática, ciência dos dados e ética. Os currículos devem ser actualizados regularmente para refletir os avanços tecnológicos e as necessidades da indústria.

Experiência prática

A experiência prática é crucial para a aprendizagem de competências relacionadas com a IA. Os programas devem incluir projectos, estudos de casos e aplicações do mundo real para dotar os alunos de conhecimentos práticos e capacidades de resolução de problemas.

Opções de aprendizagem flexíveis

A flexibilidade é importante para acomodar diferentes estilos e horários de aprendizagem. Os cursos em linha, os programas a tempo parcial e as opções de aprendizagem autónoma garantem que os alunos podem aceder à educação independentemente das suas circunstâncias.

Colaboração na indústria

A colaboração entre instituições de ensino e a indústria assegura que os programas permanecem relevantes para as exigências do mercado. As parcerias podem incluir estágios, tutorias e colaborações em projectos, proporcionando aos alunos conhecimentos e experiência na indústria.

Programa de residência em IA da Google

O Programa de Residência em IA da Google oferece experiência prática em investigação e desenvolvimento de IA. Os participantes trabalham em projectos reais, colaboram com investigadores de renome e contribuem para os avanços da tecnologia de IA.

Iniciativa IBM SkillsBuild

A iniciativa SkillsBuild da IBM oferece cursos online gratuitos e programas de treinamento em IA, ciência de dados e outras tecnologias emergentes. O programa destina-se a candidatos a emprego, estudantes e profissionais que procuram melhorar as suas competências e melhorar a empregabilidade.

Iniciativa AT&T Future Ready

A iniciativa Future Ready da AT&T centra-se na requalificação da sua força de trabalho para a era digital. O programa oferece aos funcionários acesso a cursos online, orientação e recursos de desenvolvimento de carreira para os ajudar na transição para novas funções dentro da empresa.

Desafios da requalificação e da atualização de competências

Acesso e inclusão

Garantir um acesso equitativo aos programas de requalificação e melhoria de competências é um desafio significativo. As barreiras socioeconómicas, as disparidades geográficas e a falta de recursos podem limitar o acesso de certas populações. Os esforços para promover a inclusão devem abordar estas barreiras.

Acompanhar a evolução tecnológica

O ritmo acelerado das mudanças tecnológicas exige actualizações contínuas dos programas de formação. As instituições e organizações educativas devem manter-se a par dos avanços para garantir que os currículos permanecem relevantes e eficazes.

Equilíbrio entre teoria e prática

É fundamental encontrar um equilíbrio entre os conhecimentos teóricos e as competências práticas. Os programas devem fornecer uma base teórica sólida, ao mesmo tempo que dão ênfase à experiência prática e às aplicações no mundo real.

Direcções e oportunidades futuras

Aprendizagem ao longo da vida e formação contínua

O conceito de aprendizagem ao longo da vida está a tornar-se cada vez mais importante. Incentivar uma cultura de formação contínua garante que os trabalhadores permaneçam adaptáveis e qualificados face aos avanços tecnológicos em curso.

Percursos de aprendizagem personalizados

Os avanços na IA e na análise de dados podem facilitar percursos de aprendizagem personalizados, adaptados às necessidades e preferências individuais. As plataformas de aprendizagem adaptativa podem avaliar os pontos fortes e fracos dos alunos, fornecendo conteúdos e recomendações personalizados.

Colaboração e parcerias

A colaboração entre as instituições de ensino, a indústria e o governo é essencial para o desenvolvimento de programas eficazes de requalificação e melhoria de competências. Iniciativas conjuntas, parcerias de investigação e partilha de conhecimentos podem colmatar o fosso entre a educação e as exigências do mercado.

Perspetiva global

O impacto da IA na força de trabalho mundial varia consoante as regiões. Os países desenvolvidos com infra-estruturas tecnológicas avançadas podem registar uma criação de emprego mais rápida em domínios relacionados com a IA, enquanto os países em desenvolvimento podem enfrentar desafios na requalificação da sua mão de obra. A cooperação internacional e a partilha de conhecimentos podem ajudar a resolver estas disparidades.

Preparar a força de trabalho para a integração da IA

A integração da Inteligência Artificial (IA) em vários sectores está a transformar o panorama da força de trabalho. A preparação da mão de obra para a integração da IA é essencial para aproveitar os benefícios da IA, atenuar os desafios e garantir um crescimento económico sustentável.

Estratégias para a preparação da mão de obra

Identificação de lacunas de competências

O primeiro passo para preparar a força de trabalho para a integração da IA é identificar as lacunas de competências. Isto implica avaliar as capacidades da força de trabalho atual, compreender as competências necessárias para as funções relacionadas com a IA e desenvolver programas de formação específicos para colmatar essas lacunas.

Desenvolvimento de um quadro de formação abrangente

Um quadro de formação abrangente deve incluir competências técnicas e transversais. As competências técnicas, como a programação, a análise de dados e a aprendizagem automática, são cruciais, enquanto as competências transversais, como o pensamento crítico, a criatividade e a comunicação, são essenciais para a colaboração e a inovação.

Promover a aprendizagem ao longo da vida

Incentivar uma cultura de aprendizagem ao longo da vida garante que os trabalhadores se mantêm adaptáveis e actualizam continuamente as suas competências. As organizações devem proporcionar oportunidades de formação contínua, desenvolvimento profissional e acesso a recursos de aprendizagem.

Promover a colaboração entre a indústria e a academia

A colaboração entre a indústria e o meio académico é vital para o desenvolvimento de programas de formação relevantes. Os parceiros da indústria podem fornecer informações sobre as necessidades do mercado, enquanto as instituições académicas podem oferecer conhecimentos especializados na conceção de currículos e na investigação.

O papel da educação e da formação

Integrar a IA nos programas de ensino

As instituições de ensino desempenham um papel fundamental na preparação da futura força de trabalho para a integração da IA. A integração de cursos relacionados com a IA nos currículos escolares, nos programas universitários e na formação profissional garante que os estudantes adquiram as competências necessárias desde tenra idade.

Plataformas e recursos de aprendizagem em linha

As plataformas de aprendizagem online oferecem opções de educação flexíveis e acessíveis. Plataformas como Coursera, edX e Udacity oferecem cursos em IA, aprendizado de máquina e ciência de dados, permitindo que os alunos estudem em seu próprio ritmo e obtenham certificações.

Programas de formação para empresas

As organizações devem investir em programas de formação empresarial para requalificar e melhorar as competências dos seus funcionários. Estes programas devem centrar-se no desenvolvimento de competências relacionadas com a IA, promovendo uma cultura de inovação e incentivando os funcionários a manterem-se actualizados com os avanços tecnológicos.

Iniciativas governamentais e financiamento

As iniciativas e o financiamento do governo podem apoiar os esforços de educação e formação. As políticas que promovem a literacia digital, concedem bolsas de estudo e financiam programas de formação podem ajudar a criar uma mão de obra qualificada capaz de tirar partido das tecnologias de IA.

A importância das competências transversais

Pensamento crítico e resolução de problemas

O pensamento crítico e as competências de resolução de problemas são essenciais para navegar em sistemas complexos de IA e desenvolver soluções inovadoras. Estas competências permitem aos trabalhadores analisar dados, identificar padrões e tomar decisões informadas.

Criatividade e inovação

A criatividade impulsiona a inovação no desenvolvimento da IA. Os trabalhadores que conseguem pensar de forma criativa e abordar os problemas de diferentes ângulos têm mais probabilidades de desenvolver novas aplicações de IA e de contribuir para os avanços tecnológicos.

Colaboração e comunicação

A colaboração e a comunicação eficazes são cruciais para trabalhar em equipas interdisciplinares. Os projectos de IA envolvem frequentemente profissionais de várias áreas, incluindo ciência de dados, engenharia e negócios. Fortes competências de comunicação facilitam o trabalho em equipa e garantem resultados de projeto bem sucedidos.

Considerações éticas sobre a integração da IA

Garantir a equidade e atenuar os preconceitos

As considerações éticas são fundamentais na integração da IA. Garantir a equidade e atenuar os preconceitos nos sistemas de IA é crucial para evitar a discriminação e promover o crescimento inclusivo. Os profissionais devem ser formados para desenvolver e utilizar a IA de forma responsável.

Transparência e responsabilidade

Manter a transparência e a responsabilidade nos processos de tomada de decisões sobre a IA cria confiança e garante que os sistemas de IA são utilizados de forma ética. Os trabalhadores devem compreender as implicações das decisões de IA e ser capazes de explicar e justificar os seus resultados.

Conceção da IA centrada no ser humano

A IA deve ser concebida para melhorar as capacidades humanas e responder aos desafios societais. Os princípios de conceção centrados no ser humano dão prioridade às necessidades dos utilizadores e garantem que as aplicações de IA são acessíveis, fáceis de utilizar e benéficas para a sociedade.

Desafios na preparação da mão de obra

Rápida mudança tecnológica

O ritmo acelerado das mudanças tecnológicas representa um desafio significativo na preparação da mão de obra. Os programas de formação devem ser continuamente actualizados para acompanhar os avanços da IA e dos domínios conexos.

Acesso e inclusão

É fundamental garantir um acesso equitativo aos programas de educação e formação. As barreiras socioeconómicas, as disparidades geográficas e a falta de recursos podem limitar o acesso de certas populações. Os esforços para promover a inclusão devem abordar estas barreiras.

Equilíbrio entre teoria e prática

É essencial encontrar um equilíbrio entre os conhecimentos teóricos e as competências práticas. Os programas de formação devem fornecer uma base teórica sólida, ao mesmo tempo que dão ênfase à experiência prática e às aplicações no mundo real.

Direcções e oportunidades futuras

Percursos de aprendizagem personalizados

Os avanços na IA e na análise de dados podem facilitar percursos de aprendizagem personalizados, adaptados às necessidades e preferências individuais. As plataformas de aprendizagem adaptativa podem avaliar os pontos fortes e fracos dos alunos, fornecendo conteúdos e recomendações personalizados.

Colaboração global e partilha de conhecimentos

A colaboração global e a partilha de conhecimentos podem ajudar a resolver as disparidades na preparação da força de trabalho. As parcerias internacionais, as iniciativas de investigação conjuntas e o intercâmbio de conhecimentos podem promover as melhores práticas e garantir uma mão de obra globalmente qualificada.

Quadros políticos e regulamentares

O desenvolvimento de quadros políticos e regulamentares que apoiem a integração da IA é crucial. As políticas devem promover a literacia digital, incentivar a aprendizagem contínua e assegurar o desenvolvimento e a implantação éticos da IA.

CAPÍTULO 6

Considerações éticas e regulamentares

Ashwani Kumar

Escola de Engenharia e Tecnologia

K. R. Mangalam University, Gurugram, Haryana, Índia

Vijay Singh

Escola de Engenharia e Tecnologia Amity

Universidade de Amity, Noida, UP, Índia

Introdução

A Inteligência Artificial (IA) tem potencial para transformar os sectores, melhorar a eficiência e oferecer soluções inovadoras para problemas complexos. No entanto, também apresenta desafios éticos significativos. À medida que os sistemas de IA se integram cada vez mais na nossa vida quotidiana, a resolução destas questões éticas torna-se crucial para garantir que a tecnologia beneficia a sociedade no seu conjunto, atenuando simultaneamente os potenciais danos.

Preconceitos na IA

O enviesamento na IA é um dos desafios éticos mais prementes. Os sistemas de IA são treinados em grandes conjuntos de dados que podem refletir preconceitos sociais. Se estes preconceitos não forem identificados e corrigidos, a IA pode perpetuar e até exacerbar a discriminação. Por exemplo, os dados tendenciosos podem levar a resultados injustos nos processos de contratação, na aprovação de empréstimos e nas práticas de aplicação da lei.

Fontes de preconceito

O enviesamento pode entrar nos sistemas de IA em várias fases, incluindo a recolha de dados, a conceção do algoritmo e a implementação. O enviesamento dos dados ocorre quando os dados de treino não são representativos de toda a população ou contêm preconceitos históricos. O enviesamento algorítmico pode resultar das escolhas de conceção e desenvolvimento feitas pelos programadores, que podem inconscientemente incorporar os seus próprios enviesamentos no sistema.

Estratégias de atenuação

A resolução dos preconceitos exige uma abordagem multifacetada. Devem ser utilizados conjuntos de dados diversificados e representativos para treinar os sistemas de IA. Além disso, os programadores devem utilizar técnicas como a deteção e correção de enviesamentos, restrições de equidade e auditorias regulares para identificar e atenuar os enviesamentos. O envolvimento de uma equipa diversificada de programadores também pode ajudar a trazer diferentes perspectivas e reduzir o risco de enviesamento.

Preocupações com a privacidade

Os sistemas de IA dependem frequentemente de grandes quantidades de dados, o que suscita grandes preocupações em termos de privacidade. A recolha, o armazenamento e a análise de dados pessoais podem levar ao acesso não autorizado, a violações de dados e à utilização indevida de informações sensíveis. A proteção da privacidade dos indivíduos é essencial para manter a confiança nas tecnologias de IA.

Regulamentos relativos à proteção de dados

Regulamentos como o Regulamento Geral sobre a Proteção de Dados (RGPD) da União Europeia fornecem um quadro jurídico para a proteção de dados e a privacidade. Estes regulamentos exigem que as organizações implementem medidas robustas de proteção de dados, obtenham o consentimento explícito para a recolha de dados e garantam os direitos dos indivíduos de aceder, corrigir e eliminar os seus dados.

Técnicas de preservação da privacidade

Soluções tecnológicas como a privacidade diferencial, a aprendizagem federada e a encriptação homomórfica podem ajudar a proteger a privacidade das pessoas, permitindo simultaneamente que os sistemas de IA aprendam com os dados. Estas técnicas permitem a análise de dados sem expor informações sensíveis, reduzindo o risco de violações da privacidade.

Transparência e explicabilidade

A transparência e a explicabilidade são fundamentais para criar confiança nos sistemas de IA. Os utilizadores precisam de compreender como é que os sistemas de IA tomam decisões, especialmente em cenários de alto risco como os cuidados de saúde, as finanças e a justiça criminal. A falta de transparência pode levar ao ceticismo, à resistência e à potencial má utilização das tecnologias de IA.

Desafios para alcançar a transparência

Conseguir transparência na IA é um desafio devido à complexidade dos modelos de aprendizagem automática, especialmente os algoritmos de aprendizagem profunda. Estes modelos funcionam frequentemente como "caixas negras", o que dificulta a interpretação dos seus processos de tomada de decisão. Além disso, os algoritmos proprietários e os segredos comerciais podem limitar o grau de transparência dos sistemas de IA.

Abordagens para melhorar a explicabilidade

Os esforços para melhorar a explicabilidade incluem o desenvolvimento de modelos interpretáveis, a utilização de técnicas de IA explicável (XAI) e o fornecimento de documentação clara sobre as funcionalidades e limitações dos sistemas de IA. Os modelos interpretáveis, como as árvores de decisão e os sistemas baseados em regras, oferecem mais transparência do que as redes neuronais complexas. As técnicas de XAI, como a análise da importância das características e as ferramentas de visualização, podem ajudar a desmistificar os processos de tomada de decisão da IA.

Responsabilidade e obrigação de prestar contas

Garantir a responsabilização e a prestação de contas no desenvolvimento e implantação da IA é essencial para enfrentar os desafios éticos. Determinar quem é responsável pelas acções e decisões dos sistemas de IA é crucial para abordar questões como os danos, a parcialidade e a utilização indevida.

Criação de mecanismos de responsabilização

Os mecanismos de responsabilização incluem estruturas de governação claras, directrizes éticas e supervisão regulamentar. As organizações devem estabelecer comités de ética de IA, realizar auditorias regulares e implementar estruturas de responsabilização para garantir práticas de IA responsáveis. Além disso, os desenvolvedores e as organizações devem ser transparentes sobre as capacidades, limitações e riscos potenciais de seus sistemas de IA.

Supervisão humana

A supervisão humana é essencial para garantir que os sistemas de IA funcionam dentro de limites éticos. Isto inclui o envolvimento de humanos nos processos de tomada de decisão, especialmente em áreas críticas como os cuidados de saúde, a justiça criminal e as finanças. As abordagens Human-in-the-loop (HITL) garantem que os sistemas de IA são monitorizados e controlados por operadores humanos, que podem intervir quando necessário.

Impacto no emprego

O impacto da IA no emprego é uma preocupação ética significativa. Embora a IA tenha o potencial de criar novas oportunidades de emprego e melhorar a produtividade, também pode levar à deslocação de postos de trabalho e à desigualdade económica. A resposta a estes desafios exige medidas proactivas para apoiar os trabalhadores e promover o crescimento inclusivo.

Deslocação de empregos e desigualdade económica

A automatização impulsionada pela IA pode deslocar postos de trabalho, sobretudo em sectores como a indústria transformadora, os transportes e o serviço de apoio ao cliente. Os trabalhadores destes sectores podem enfrentar desafios significativos para encontrar novas oportunidades de emprego, conduzindo à desigualdade económica e à agitação social.

Estratégias para atenuar o impacto

As estratégias para mitigar o impacto da IA no emprego incluem programas de requalificação e melhoria de competências, redes de segurança social e políticas que promovam a criação de emprego em áreas relacionadas com a IA. Os governos, as instituições de ensino e as organizações devem colaborar para fornecer formação e apoio aos trabalhadores em transição para novas funções. Além disso, as políticas que promovem o crescimento inclusivo e a igualdade económica podem ajudar a lidar com os impactos sociais mais amplos da IA.

Desenvolvimento de quadros regulamentares

O rápido avanço da Inteligência Artificial (IA) levou à necessidade de quadros regulamentares sólidos para garantir que as tecnologias de IA sejam desenvolvidas e implantadas de forma responsável. Os quadros regulamentares fornecem directrizes e normas para enfrentar os desafios éticos, jurídicos e sociais associados à IA.

A importância dos quadros regulamentares

Garantir a segurança e a fiabilidade

Os quadros regulamentares desempenham um papel crucial para garantir a segurança e a fiabilidade dos sistemas de IA. Estabelecem normas para o desenvolvimento, o ensaio e a implantação de tecnologias de IA, minimizando o risco de resultados prejudiciais e assegurando que os sistemas de IA funcionam como previsto.

Promover o desenvolvimento ético da IA

As considerações éticas são fundamentais no desenvolvimento da IA. Os quadros regulamentares fornecem directrizes para enfrentar desafios éticos como o preconceito, a privacidade, a transparência e a responsabilidade. Garantem que as tecnologias de IA são desenvolvidas de uma forma que respeita os direitos humanos e promove o bem social.

Criar confiança pública

A confiança é essencial para a adoção generalizada das tecnologias de IA. Os quadros regulamentares ajudam a criar a confiança do público, assegurando que os sistemas de IA são desenvolvidos e utilizados de forma responsável. Processos regulamentares transparentes e responsáveis asseguram ao público que as tecnologias de IA são seguras, fiáveis e alinhadas com os valores sociais.

Princípios fundamentais para a regulamentação da IA

Equidade e não-discriminação

Os quadros regulamentares devem promover a equidade e a não discriminação no desenvolvimento e na implantação da IA. Isto inclui a abordagem dos preconceitos nos sistemas de IA, a garantia de acesso equitativo às tecnologias de IA e a prevenção de práticas discriminatórias.

Privacidade e proteção de dados

Proteger a privacidade dos indivíduos e garantir a proteção dos dados são princípios críticos para a regulamentação da IA. Os quadros regulamentares devem estabelecer directrizes para a recolha, armazenamento e utilização de dados, garantindo que os dados pessoais são tratados de forma responsável e segura.

Transparência e explicabilidade

A transparência e a explicabilidade são essenciais para criar confiança nos sistemas de IA. Os quadros regulamentares devem exigir que os criadores de IA forneçam explicações claras e compreensíveis sobre a forma como os sistemas de IA tomam decisões, garantindo que os utilizadores e as partes interessadas possam compreender e confiar na tecnologia.

Responsabilidade e obrigação de prestar contas

É fundamental garantir a responsabilização e a prestação de contas no desenvolvimento e na implantação da IA. Os quadros regulamentares devem estabelecer mecanismos para responsabilizar os criadores, as organizações e os utilizadores pelas acções e decisões dos sistemas de IA. Isso inclui estabelecer linhas claras de responsabilidade e implementar processos de supervisão e auditoria.

Design centrado no ser humano

Os sistemas de IA devem ser concebidos com base em princípios centrados no ser humano, dando prioridade às necessidades dos utilizadores e assegurando que a tecnologia melhora as capacidades humanas. Os quadros regulamentares devem promover o desenvolvimento de tecnologias de IA que sejam acessíveis, fáceis de utilizar e benéficas para a sociedade.

Quadros regulamentares existentes

Regulamento Geral sobre a Proteção de Dados (RGPD)

O GDPR, implementado na União Europeia, é um regulamento abrangente de proteção de dados que tem implicações significativas para o desenvolvimento da IA. Estabelece directrizes rigorosas para a recolha, processamento e armazenamento de dados, garantindo a proteção da privacidade dos indivíduos. O GDPR também inclui disposições para transparência, responsabilidade e direitos dos indivíduos de aceder, corrigir e eliminar os seus dados.

Orientações éticas da Comissão Europeia para a IA

A Comissão Europeia elaborou orientações éticas para uma IA fiável. Estas directrizes definem os princípios fundamentais para o desenvolvimento da IA, incluindo o respeito pela autonomia humana, a prevenção de danos, a equidade e a transparência. As directrizes também fornecem recomendações para a aplicação destes princípios na prática.

Lei da Responsabilidade Algorítmica (EUA)

A Lei da Responsabilidade Algorítmica (Algorithmic Accountability Act), proposta nos Estados Unidos, tem por objetivo combater os preconceitos e a discriminação nos sistemas automatizados de tomada de decisões. A lei exige que as empresas efectuem avaliações de impacto dos seus sistemas de IA, identificando e atenuando potenciais enviesamentos e resultados discriminatórios.

Quadro de governação da IA de Singapura

O Quadro de Governação da IA de Singapura fornece directrizes para o desenvolvimento e implementação responsáveis da IA. A estrutura enfatiza a transparência, a responsabilidade e o design centrado no ser humano. Inclui também recomendações para a proteção de dados, gestão de riscos e envolvimento das partes interessadas.

Direcções futuras para a regulamentação da IA

Colaboração e harmonização globais

A regulamentação da IA requer colaboração e harmonização global para lidar com a natureza transfronteiriça das tecnologias de IA. Organizações internacionais, governos e partes interessadas do setor devem trabalhar juntos para desenvolver padrões e estruturas regulatórias consistentes. Essa colaboração pode ajudar a garantir que as tecnologias de IA sejam desenvolvidas e implantadas de uma maneira que beneficie a sociedade globalmente.

Regulamentação adaptável e flexível

Dado o ritmo acelerado do avanço da IA, os quadros regulamentares devem ser adaptáveis e flexíveis. Os regulamentos devem ser regularmente revistos e actualizados para acompanhar os desenvolvimentos tecnológicos e os desafios éticos emergentes. Uma regulamentação adaptável garante que os quadros permaneçam relevantes e eficazes na abordagem de questões novas e em evolução.

Envolvimento das partes interessadas

O envolvimento de uma gama diversificada de partes interessadas é essencial para o desenvolvimento de regulamentos eficazes em matéria de IA. Isto inclui o contributo dos criadores de IA, dos peritos da indústria, dos decisores políticos, do meio académico e da sociedade civil. O envolvimento das partes interessadas garante que os regulamentos sejam bem informados, equilibrados e reflictam os valores e interesses da sociedade.

IA ética desde a conceção

Os quadros regulamentares devem promover o conceito de "IA ética desde a conceção", incentivando os criadores a integrar considerações éticas no processo de conceção e desenvolvimento. Esta abordagem proactiva garante que os princípios éticos são incorporados nos sistemas de IA desde o início, em vez de serem tratados como uma reflexão posterior.

Equilíbrio entre inovação e padrões éticos

A Inteligência Artificial (IA) tem um enorme potencial para impulsionar a inovação e transformar vários sectores, desde os cuidados de saúde e as finanças até aos transportes e ao entretenimento. No entanto, o rápido avanço das tecnologias de IA também suscita preocupações éticas significativas. Equilibrar a inovação com normas éticas é crucial para garantir que o desenvolvimento e a implantação da IA estão alinhados com os valores sociais e não conduzem a danos não intencionais.

A importância de equilibrar a inovação com normas éticas

Promover a confiança e a aceitação

O equilíbrio entre a inovação e as normas éticas é essencial para promover a confiança e a aceitação das tecnologias de IA. Quando se dá prioridade às normas éticas, é mais provável que os utilizadores e as partes interessadas confiem e adoptem os sistemas de IA. A confiança assenta na garantia de que as tecnologias de IA são desenvolvidas e utilizadas de forma responsável, tendo em conta os princípios éticos.

Prevenção de danos

As normas éticas ajudam a prevenir potenciais danos associados às tecnologias de IA. Estes danos podem incluir preconceitos e discriminação, violações de privacidade, riscos de segurança e impactos sociais e económicos negativos. Ao aderir a normas éticas, os programadores e as organizações podem mitigar estes riscos e garantir que as tecnologias de IA beneficiam a sociedade.

Promover a equidade e a inclusão

As normas éticas promovem a equidade e a inclusão no desenvolvimento e na implantação da IA. Isto inclui a abordagem dos preconceitos nos sistemas de IA, a garantia de acesso equitativo às tecnologias de IA e a prevenção de práticas discriminatórias. A equidade e a inclusão são essenciais para alcançar a justiça social e reduzir as disparidades.

Incentivar a inovação responsável

O equilíbrio entre a inovação e as normas éticas incentiva a inovação responsável. Isto implica o desenvolvimento de tecnologias de IA que sejam não só tecnicamente avançadas mas também eticamente correctas. A inovação responsável garante que as tecnologias de IA contribuem positivamente para a sociedade e dão resposta aos desafios do mundo real.

Desafios no equilíbrio entre inovação e normas éticas

Avanços tecnológicos rápidos

O ritmo acelerado dos avanços da IA coloca um desafio significativo no equilíbrio entre a inovação e as normas éticas. Os desenvolvimentos tecnológicos ultrapassam frequentemente o estabelecimento de quadros regulamentares e directrizes éticas. Este facto cria um desfasamento entre a inovação e a implementação de salvaguardas éticas.

Complexidade dos sistemas de IA

Os sistemas de IA, em especial os baseados na aprendizagem automática e na aprendizagem profunda, são intrinsecamente complexos. Esta complexidade torna difícil garantir a transparência, a explicabilidade e a responsabilização. As normas éticas devem abordar estas complexidades para garantir que os sistemas de IA funcionam dentro de limites éticos.

Perspectivas éticas diversas

As considerações éticas em matéria de IA são influenciadas por diversas perspectivas culturais, sociais e filosóficas. Esta diversidade pode levar a pontos de vista diferentes sobre o que constitui um desenvolvimento e implantação éticos da IA. O equilíbrio destas perspectivas é essencial para desenvolver normas éticas que sejam inclusivas e representativas dos valores globais.

Compromissos entre inovação e ética

O equilíbrio entre a inovação e as normas éticas implica frequentemente compromissos. Por exemplo, o reforço da transparência e da explicabilidade pode limitar a utilização de modelos complexos que oferecem um elevado desempenho. Do mesmo modo, garantir a privacidade e a proteção dos dados pode limitar a disponibilidade de dados para o treino da IA. Para navegar por estas soluções de compromisso é necessário ponderar cuidadosamente e envolver as partes interessadas.

Estratégias para alcançar o equilíbrio

Integrar a ética no desenvolvimento da IA

A integração da ética no processo de desenvolvimento da IA é crucial para equilibrar a inovação com as normas éticas. Isto implica a incorporação de considerações éticas desde as primeiras fases de conceção e desenvolvimento. A IA ética desde a conceção garante que os princípios éticos são incorporados nos sistemas de IA desde o início.

Orientações e quadros éticos

O desenvolvimento e a adesão a directrizes e quadros éticos constituem uma base para o desenvolvimento responsável da IA. Estas directrizes devem abranger princípios éticos fundamentais como a justiça, a transparência, a responsabilidade, a privacidade e a conceção centrada no ser humano. As organizações devem criar comités de ética internos e realizar auditorias regulares para garantir a conformidade.

Envolvimento das partes interessadas

O envolvimento de uma gama diversificada de partes interessadas é essencial para o desenvolvimento de tecnologias de IA éticas. Isto inclui contributos de programadores de IA, peritos da indústria, decisores políticos, universidades, sociedade civil e comunidades afectadas. O envolvimento das partes interessadas garante que os padrões éticos são bem informados, equilibrados e reflectem os valores e interesses da sociedade.

Transparência e explicabilidade

O reforço da transparência e da explicabilidade é fundamental para criar confiança e garantir a responsabilização nos sistemas de IA. Os programadores devem fornecer explicações claras e compreensíveis sobre a forma como os sistemas de IA tomam decisões. Técnicas como a IA explicável (XAI) e os modelos interpretáveis podem ajudar a atingir este objetivo.

Supervisão e responsabilização humana

A supervisão humana é essencial para garantir que os sistemas de IA funcionam dentro de limites éticos. Isto inclui o envolvimento de humanos nos processos de tomada de decisão, especialmente em cenários de alto risco, como os cuidados de saúde, as finanças e a justiça criminal. Devem ser criados mecanismos de responsabilização para responsabilizar os criadores e as organizações pelas acções e decisões dos sistemas de IA.

Acompanhamento e avaliação contínuos

O controlo e a avaliação contínuos dos sistemas de IA são necessários para garantir o cumprimento das normas éticas. Isto implica auditorias regulares, avaliações de impacto e mecanismos de feedback. O controlo e a avaliação ajudam a identificar e a resolver questões éticas que possam surgir durante o ciclo de vida dos sistemas de IA.

Educação e sensibilização

Promover a educação e a sensibilização para a ética da IA é crucial para fomentar uma cultura de inovação responsável. Isto inclui a formação de programadores de IA, decisores políticos e público em geral sobre considerações éticas na IA. As iniciativas de educação e sensibilização ajudam a criar a capacidade de enfrentar desafios éticos e tomar decisões informadas.

Colaboração e partilha de conhecimentos

A colaboração e a partilha de conhecimentos entre as partes interessadas podem facilitar o desenvolvimento de tecnologias de IA éticas. Isto inclui a partilha de melhores práticas, resultados de investigação e orientações éticas. A colaboração pode ajudar a enfrentar desafios comuns e promover a adoção de normas éticas a nível mundial.

Quadros regulamentares

Quadros regulamentares sólidos fornecem uma base jurídica para equilibrar a inovação com normas éticas. Os regulamentos devem ser adaptáveis e flexíveis para acompanhar o ritmo dos avanços tecnológicos. Os quadros regulamentares devem estabelecer directrizes para a equidade, transparência, responsabilidade e privacidade no desenvolvimento e implantação da IA.

Exemplos de práticas éticas de IA

À medida que a Inteligência Artificial (IA) continua a evoluir e a integrar-se em vários sectores, a importância das práticas éticas de IA torna-se cada vez mais evidente. As práticas éticas de IA garantem que as tecnologias de IA são desenvolvidas e implantadas de uma forma que respeita os direitos humanos, promove a equidade e atenua os potenciais danos.

A ética da IA nos cuidados de saúde

Mitigação de preconceitos no diagnóstico médico

Nos cuidados de saúde, os sistemas de IA estão a ser utilizados para ajudar no diagnóstico médico e no planeamento do tratamento. Garantir que estes sistemas estão isentos de preconceitos é crucial para prestar cuidados exactos e equitativos. Por exemplo, os investigadores e programadores estão a utilizar conjuntos de dados diversificados e representativos para treinar modelos de IA, reduzindo o risco de resultados tendenciosos. Além disso, são utilizadas auditorias regulares e técnicas de deteção de enviesamentos para identificar e atenuar quaisquer enviesamentos nos sistemas de IA.

Técnicas de preservação da privacidade nos dados de saúde

A proteção da privacidade dos doentes é fundamental nos cuidados de saúde. As práticas éticas de IA envolvem a utilização de técnicas de preservação da privacidade, como a privacidade diferencial, a aprendizagem federada e a encriptação homomórfica. Estas técnicas permitem que os sistemas de IA analisem dados de saúde sem expor informações sensíveis, assegurando a manutenção da confidencialidade dos doentes.

IA explicável na tomada de decisões clínicas

A transparência e a explicabilidade são fundamentais na tomada de decisões clínicas. As práticas éticas de IA incluem o desenvolvimento de modelos de IA explicáveis (XAI) que fornecem explicações claras e compreensíveis das suas recomendações. Isto permite que os profissionais de saúde tomem decisões informadas e aumenta a confiança nos sistemas de IA.

IA ética nas finanças

Equidade na pontuação de crédito

Os sistemas de IA são amplamente utilizados no sector financeiro para tarefas como a pontuação de crédito e a aprovação de empréstimos. Garantir a equidade nestas aplicações é essencial para evitar práticas discriminatórias. As práticas éticas de IA implicam a utilização de algoritmos concebidos para minimizar o enviesamento e garantir que as decisões de crédito se baseiam em critérios relevantes e justos. São efectuadas auditorias regulares e avaliações da equidade para verificar se os sistemas de IA não discriminam nenhum grupo.

IA transparente e responsável no comércio

Na negociação financeira, a transparência e a responsabilidade são cruciais para manter a integridade do mercado. As práticas éticas de IA incluem o desenvolvimento de algoritmos de negociação transparentes que fornecem documentação clara dos seus processos de tomada de decisões. Além disso, são criados mecanismos de responsabilização para responsabilizar os programadores e as organizações pelas acções dos seus sistemas de IA.

Proteção de dados e privacidade nos serviços financeiros

A proteção dos dados dos clientes é uma consideração ética fundamental em finanças. As práticas éticas de IA envolvem a implementação de medidas robustas de proteção de dados e o cumprimento de regulamentos como o Regulamento Geral de Proteção de Dados (RGPD). As instituições financeiras utilizam encriptação, armazenamento seguro de dados e controlos de acesso para garantir que os dados dos clientes são tratados de forma responsável.

IA ética nos transportes

Segurança e fiabilidade em veículos autónomos

Os veículos autónomos (AV) dependem de sistemas de IA para a navegação e a tomada de decisões. Garantir a segurança e a fiabilidade destes sistemas é fundamental. As práticas éticas de IA incluem testes rigorosos e validação de sistemas AV, bem como a adesão a normas e regulamentos de segurança. Os programadores efectuam simulações exaustivas e testes no mundo real para identificar e resolver potenciais problemas de segurança.

Atenuação de preconceitos na gestão do tráfego

Os sistemas de IA são também utilizados na gestão do tráfego e em aplicações para cidades inteligentes. As práticas éticas de IA implicam a utilização de dados diversificados e representativos para treinar algoritmos de gestão do tráfego, garantindo que estes não afectam desproporcionadamente nenhuma comunidade. São utilizadas técnicas de deteção e correção de enviesamentos para promover soluções equitativas de gestão do tráfego.

Transparência e envolvimento do público na implantação de AV

A transparência e o envolvimento do público são essenciais para ganhar a confiança do público nos veículos autónomos. As práticas éticas de IA incluem o fornecimento de informações claras sobre o funcionamento dos sistemas AV, as suas capacidades e limitações. São realizadas consultas públicas e iniciativas de envolvimento para abordar as preocupações e recolher feedback da comunidade.

A ética da IA na educação

IA justa e inclusiva nas admissões

Os sistemas de IA são cada vez mais utilizados nos processos de admissão ao ensino. É fundamental garantir a equidade e a inclusão nestas aplicações. As práticas éticas de IA implicam a utilização de algoritmos imparciais e de dados representativos para tomar decisões de admissão. São efectuadas auditorias regulares e avaliações da equidade para verificar se os sistemas de IA não discriminam nenhum grupo.

Privacidade e proteção de dados nos registos dos alunos

A proteção da privacidade dos estudantes é uma consideração ética fundamental na educação. As práticas éticas de IA envolvem a implementação de medidas robustas de proteção de dados e o cumprimento de regulamentos como a Lei dos Direitos Educativos e da Privacidade da Família (FERPA). As instituições de ensino utilizam encriptação, armazenamento seguro de dados e controlos de acesso para garantir que os dados dos alunos são tratados de forma responsável.

IA transparente e explicável na aprendizagem personalizada

Os sistemas de IA são utilizados para proporcionar experiências de aprendizagem personalizadas aos alunos. A transparência e a explicabilidade são essenciais para garantir que os alunos e os educadores compreendem a forma como estes sistemas fazem recomendações. As práticas éticas de IA incluem o desenvolvimento de modelos de IA explicáveis e o fornecimento de documentação clara das suas funcionalidades e limitações.

CAPÍTULO 7

IA nas economias em desenvolvimento

Ashwani Kumar

Escola de Engenharia e Tecnologia

K. R. Mangalam University, Gurugram, Haryana, Índia

Dhiraj Singh Rawat

Departamento de Informática

NIET, Greater Noida, Uttar Pradesh, Índia

Introdução

A Inteligência Artificial (IA) está a revolucionar vários sectores, fornecendo soluções inovadoras e transformando as práticas tradicionais. A adoção da IA apresenta inúmeras oportunidades para as empresas, os governos e a sociedade em geral. Estas oportunidades incluem o aumento da eficiência operacional, a melhoria dos processos de tomada de decisões, a promoção do crescimento económico e a promoção da inovação.

Melhorar a eficiência operacional

Automatização de tarefas de rotina

Uma das oportunidades mais significativas apresentadas pela IA é a automatização de tarefas rotineiras e repetitivas. As ferramentas alimentadas por IA, como a automação de processos robóticos (RPA), podem executar tarefas como a introdução de dados, o agendamento e os inquéritos de serviço ao cliente com elevada precisão e rapidez. Esta automatização liberta os trabalhadores humanos para se concentrarem em actividades mais complexas e estratégicas, aumentando assim a produtividade e a eficiência globais.

Otimização da gestão da cadeia de abastecimento

As tecnologias de IA podem otimizar a gestão da cadeia de abastecimento, fornecendo informações em tempo real e análises preditivas. Os sistemas de IA analisam grandes quantidades de dados de várias fontes, incluindo tendências de mercado, padrões climáticos e comportamento do consumidor, para prever a procura e otimizar os níveis de inventário. Esta otimização reduz os custos, minimiza o desperdício e garante que os produtos estão disponíveis quando e onde são necessários.

Melhorar os processos de tomada de decisão

Insights baseados em dados

A IA permite que as organizações tomem decisões baseadas em dados, analisando grandes volumes de dados e identificando padrões e tendências. Os algoritmos de aprendizagem automática podem processar e analisar dados muito mais rapidamente do que os humanos, fornecendo informações accionáveis que informam as decisões estratégicas. Por exemplo, a IA pode analisar o feedback dos clientes para identificar melhorias nos produtos, prever tendências de mercado e otimizar estratégias de marketing.

Gestão do risco

As tecnologias de IA podem melhorar significativamente as práticas de gestão do risco. No sector financeiro, os algoritmos de IA analisam dados históricos e condições de mercado para prever potenciais riscos e oportunidades. Nos cuidados de saúde, os sistemas de IA podem identificar os pacientes em risco de desenvolver determinadas condições, permitindo uma intervenção precoce e planos de tratamento personalizados. Ao fornecer avaliações de risco precisas, a IA ajuda as organizações a mitigar potenciais ameaças e a tomar decisões informadas.

Impulsionar o crescimento económico

Inovação e novos modelos de negócio

A IA promove a inovação ao permitir o desenvolvimento de novos produtos, serviços e modelos de negócio. Por exemplo, os sistemas de recomendação baseados em IA revolucionaram a indústria do comércio eletrónico, proporcionando experiências de compra personalizadas. Na indústria automóvel, a IA está a impulsionar o desenvolvimento de veículos autónomos, que têm o potencial de transformar os transportes e a logística.

Criação de emprego

Embora existam preocupações quanto à deslocação de postos de trabalho devido à IA, a tecnologia também cria novas oportunidades de emprego. A IA impulsiona a procura de profissionais qualificados em domínios como a ciência dos dados, a aprendizagem automática e a ética da IA. Além disso, a IA pode melhorar as funções profissionais ao aumentar as capacidades humanas, conduzindo a um trabalho mais gratificante e produtivo.

Fomentar a inovação

Investigação e desenvolvimento

A IA acelera a investigação e o desenvolvimento (I&D) através da automatização de processos complexos e da análise de grandes quantidades de dados. Na indústria farmacêutica, os algoritmos de IA são utilizados para identificar potenciais candidatos a medicamentos e prever a sua eficácia, reduzindo significativamente o tempo e o custo da descoberta de medicamentos. No meio académico, as ferramentas de IA ajudam os investigadores a analisar a literatura científica, a identificar lacunas na investigação e a gerar novas hipóteses.

Indústrias criativas

A IA está a fazer incursões significativas em indústrias criativas como a arte, a música e a literatura. As ferramentas alimentadas por IA podem gerar obras de arte originais, compor música e até escrever poesia. Estas tecnologias proporcionam novas vias para a expressão criativa e a colaboração, alargando os limites do que é possível nas artes.

Melhorar os serviços públicos

Cuidados de saúde

A IA tem o potencial de transformar os cuidados de saúde, melhorando o diagnóstico, o tratamento e os cuidados aos doentes. Os sistemas de imagiologia alimentados por IA podem detetar doenças como o cancro nas fases iniciais com elevada precisão. Os algoritmos de IA também podem analisar registos de saúde electrónicos para prever os resultados dos doentes e recomendar planos de tratamento personalizados. Estes avanços aumentam a qualidade dos cuidados e melhoram os resultados para os doentes.

Educação

No sector da educação, as tecnologias de IA podem proporcionar experiências de aprendizagem personalizadas, adaptadas às necessidades e capacidades de cada aluno. Os sistemas de tutoria com base em IA oferecem feedback e apoio em tempo real, ajudando os alunos a compreender conceitos complexos. Além disso, a IA pode ajudar os educadores através da automatização de tarefas administrativas, permitindo-lhes concentrarem-se mais no ensino e no envolvimento dos alunos.

Sustentabilidade ambiental

Gestão da energia

As tecnologias de IA podem otimizar a gestão da energia, prevendo a procura de energia e ajustando a oferta em conformidade. As redes inteligentes alimentadas por IA analisam dados de várias fontes, como as previsões meteorológicas e os padrões de consumo, para otimizar a distribuição de energia e reduzir o desperdício. Esta otimização contribui para a sustentabilidade ambiental ao promover uma utilização eficiente da energia.

Mitigação das alterações climáticas

A IA pode desempenhar um papel crucial no combate às alterações climáticas, fornecendo informações e soluções para reduzir as emissões de carbono. Os sistemas alimentados por IA analisam dados ambientais para monitorizar e prever padrões climáticos, identificar fontes de poluição e recomendar estratégias de mitigação. Estas tecnologias apoiam os esforços de combate às alterações climáticas e promovem a conservação do ambiente.

Desafios à implementação da IA

Embora a Inteligência Artificial (IA) ofereça inúmeras oportunidades, a sua implementação está repleta de desafios. Estes desafios abrangem domínios técnicos, éticos, regulamentares e sociais. A resolução destes obstáculos é crucial para a implantação bem sucedida e responsável das tecnologias de IA.

Desafios técnicos

Qualidade e disponibilidade dos dados

Um dos principais desafios técnicos na implementação da IA é a qualidade e a disponibilidade dos dados. Os sistemas de IA requerem grandes volumes de dados de alta qualidade para funcionarem eficazmente. No entanto, os dados podem estar incompletos, ser inconsistentes ou tendenciosos, o que leva a um desempenho abaixo do ideal e a resultados erróneos. Além disso, as preocupações com a privacidade dos dados e as restrições regulamentares podem limitar o acesso a dados essenciais, dificultando o desenvolvimento e a implementação da IA.

Complexidade algorítmica

Os algoritmos de IA, em particular os baseados na aprendizagem profunda, são inerentemente complexos. O desenvolvimento, a afinação e a manutenção destes algoritmos requerem conhecimentos especializados e recursos computacionais significativos. Além disso, a natureza de "caixa negra" de alguns modelos de IA, em que os processos de tomada de decisão não são facilmente interpretáveis, coloca desafios à transparência e à responsabilização.

Integração com sistemas existentes

A integração de tecnologias de IA nos sistemas e fluxos de trabalho existentes pode ser um desafio. Os sistemas antigos podem não ser compatíveis com as soluções modernas de IA, exigindo actualizações ou substituições dispendiosas e demoradas. Além disso, garantir uma integração perfeita, mantendo a segurança do sistema e a integridade dos dados, é uma tarefa complexa.

Desafios éticos

Preconceito e equidade

Os sistemas de IA podem perpetuar e amplificar os preconceitos existentes nos dados em que são treinados. Isto pode levar a resultados injustos e discriminatórios, particularmente em áreas sensíveis como a contratação, o crédito e a aplicação da lei. Abordar os preconceitos e garantir a justiça nos sistemas de IA requer metodologias robustas para a deteção de preconceitos, mitigação e monitorização contínua.

Preocupações com a privacidade

A utilização da IA envolve frequentemente o tratamento de grandes quantidades de dados pessoais, o que suscita preocupações significativas em matéria de privacidade. É essencial garantir que os sistemas de IA cumprem os regulamentos de proteção de dados, como o Regulamento Geral sobre a Proteção de Dados (RGPD). Além disso, a implementação de técnicas de preservação da privacidade, como a privacidade diferencial e a aprendizagem federada, é necessária para proteger os dados dos indivíduos.

Transparência e responsabilidade

Os processos de tomada de decisão dos sistemas de IA podem ser opacos, tornando difícil compreender como e porquê são tomadas determinadas decisões. Esta falta de transparência mina a confiança e coloca desafios à responsabilização. O desenvolvimento de modelos de IA explicáveis (XAI) e o estabelecimento de mecanismos claros de responsabilização são cruciais para resolver estas questões.

Desafios regulamentares

Evolução do panorama regulamentar

O panorama regulamentar da IA está em constante evolução, com diferentes países e regiões a adoptarem abordagens variadas. Navegar neste ambiente regulamentar complexo e dinâmico pode ser um desafio para as organizações. Garantir a conformidade com diversas regulamentações e, ao mesmo tempo, promover a inovação requer uma estrutura regulatória equilibrada e adaptável.

Normalização e certificação

A falta de directrizes padronizadas e de processos de certificação para tecnologias de IA coloca desafios para garantir a qualidade e a fiabilidade. O desenvolvimento e a implementação de melhores práticas padronizadas, programas de certificação e benchmarks do setor são essenciais para promover uma implantação de IA consistente e confiável.

Responsabilidade e implicações jurídicas

Determinar a responsabilidade e a responsabilidade legal por decisões e acções baseadas em IA é uma questão complexa. Em casos de danos ou erros, pode ser difícil atribuir a responsabilidade aos criadores de IA, aos operadores ou ao próprio sistema de IA. O estabelecimento de quadros jurídicos claros e de directrizes de responsabilidade é crucial para enfrentar estes desafios.

Desafios societais

Deslocação profissional

As tecnologias de IA têm o potencial de perturbar os mercados de trabalho, automatizando tarefas tradicionalmente executadas por seres humanos. Isto pode levar à deslocação do emprego e à insegurança económica dos trabalhadores afectados. Para fazer face a este desafio, são necessárias medidas proactivas, como programas de requalificação e melhoria de competências, para preparar a mão de obra para o panorama profissional em mudança.

Fosso digital

Os benefícios da adoção da IA podem não ser distribuídos uniformemente, exacerbando as desigualdades existentes. O acesso às tecnologias de IA e à literacia digital varia consoante as regiões e a demografia, contribuindo para um fosso digital. Garantir o acesso inclusivo à IA e promover a educação digital são essenciais para colmatar este fosso.

Perceção e confiança do público

A perceção e a confiança do público nas tecnologias de IA são fundamentais para a sua aceitação e adoção generalizada. A desinformação, o medo da perda de emprego e as preocupações com a privacidade e os preconceitos podem afetar negativamente a confiança do público. A promoção da transparência, o envolvimento do público e a educação sobre a IA podem ajudar a criar confiança e a resolver equívocos.

Superar os desafios

Práticas robustas de gestão de dados

A implementação de práticas sólidas de gestão de dados é essencial para enfrentar os desafios relacionados com a qualidade e a disponibilidade dos dados. Isto inclui processos de limpeza, validação e enriquecimento de dados, bem como a garantia de conformidade com os regulamentos de proteção de dados. A utilização de dados sintéticos e de quadros de partilha de dados colaborativos também pode ajudar a ultrapassar as limitações dos dados.

Colaboração interdisciplinar

Abordar os desafios técnicos, éticos e regulamentares da implementação da IA requer uma colaboração interdisciplinar. A reunião de peritos de diversos domínios, incluindo a informática, a ética, o direito e as ciências sociais, pode proporcionar perspetivas e soluções abrangentes. Os esforços de colaboração podem ajudar a desenvolver tecnologias de IA que sejam simultaneamente inovadoras e eticamente correctas.

Harmonização regulamentar

A harmonização dos quadros regulamentares em diferentes regiões pode reduzir a complexidade e promover a adoção global da IA. A colaboração internacional e o diálogo entre reguladores, partes interessadas da indústria e formuladores de políticas são essenciais para desenvolver abordagens regulatórias coerentes e adaptáveis. O estabelecimento de padrões internacionais e processos de certificação também pode aumentar a consistência e a confiança nas tecnologias de IA.

Promover a literacia e a inclusão digitais

A promoção da literacia digital e a garantia de um acesso inclusivo às tecnologias de IA são cruciais para enfrentar os desafios societais. Iniciativas como programas de educação digital, sensibilização da comunidade e acesso económico à tecnologia podem ajudar a colmatar o fosso digital. Além disso, a promoção de uma força de trabalho de IA inclusiva e diversificada pode garantir que as soluções de IA atendam às necessidades de todos os segmentos da sociedade.

Ultrapassar as barreiras à adoção da IA

A adoção da Inteligência Artificial (IA) tem um enorme potencial para transformar as indústrias, aumentar a produtividade e impulsionar a inovação. No entanto, existem várias barreiras que impedem a sua implementação generalizada. Estas barreiras incluem desafios técnicos, organizacionais, éticos e regulamentares. Ultrapassar estes obstáculos é essencial para libertar todo o potencial da IA.

Abordar as barreiras técnicas

Melhorar a qualidade e a disponibilidade dos dados

Dados de elevada qualidade são a pedra angular de sistemas de IA eficazes. Para enfrentar a barreira da má qualidade dos dados, as organizações devem implementar práticas robustas de gestão de dados. Isto inclui processos de limpeza, validação e enriquecimento de dados para garantir a exatidão e a integridade dos dados. A utilização de dados sintéticos, que são gerados artificialmente e imitam os dados do mundo real, também pode ajudar a ultrapassar as limitações dos dados. Além disso, o estabelecimento de quadros e parcerias de partilha de dados pode aumentar a disponibilidade dos dados, garantindo simultaneamente a conformidade com os regulamentos de proteção de dados.

Melhorar a transparência e a explicabilidade dos algoritmos

A complexidade e a opacidade dos algoritmos de IA, nomeadamente dos modelos de aprendizagem profunda, colocam desafios significativos. Aumentar a transparência e a explicabilidade dos algoritmos é crucial para criar confiança e garantir a responsabilização. As organizações devem investir no desenvolvimento de modelos de IA explicáveis (XAI) que forneçam explicações claras e compreensíveis dos seus processos de tomada de decisão. Técnicas como o LIME (Local Interpretable Model-agnostic Explanations) e o SHAP (SHapley Additive exPlanations) podem ajudar a tornar os modelos de IA mais interpretáveis.

Garantir a integração e a interoperabilidade do sistema

A integração de tecnologias de IA com os sistemas e fluxos de trabalho existentes pode ser um desafio. Para ultrapassar esta barreira, as organizações devem adotar soluções de IA modulares e escaláveis que possam integrar-se perfeitamente com os sistemas antigos. A utilização de APIs (Interfaces de Programação de Aplicações) e a adoção de normas da indústria para a troca de dados podem melhorar a interoperabilidade. Além disso, o envolvimento em processos completos de teste e validação garante que os sistemas de IA funcionem de forma fiável nas infraestruturas existentes.

Estratégias organizacionais para a adoção da IA

Criar uma força de trabalho de IA qualificada

A falta de profissionais qualificados é uma barreira significativa à adoção da IA. As organizações devem investir na construção de uma força de trabalho de IA qualificada através de programas de educação, formação e desenvolvimento profissional. Colaborar com instituições académicas para criar currículos especializados em IA e oferecer estágios e aprendizagens pode ajudar a desenvolver o conjunto de talentos necessários. Incentivar a aprendizagem contínua e oferecer oportunidades de aperfeiçoamento e requalificação também são essenciais para acompanhar os avanços da tecnologia de IA.

Fomentar uma cultura de inovação

Criar uma cultura de inovação é crucial para uma adoção bem sucedida da IA. As organizações devem incentivar a experimentação, a criatividade e a assunção de riscos, fornecendo recursos e apoio a iniciativas de inovação. A criação de equipas multifuncionais que reúnam diversas competências pode promover a colaboração e impulsionar soluções inovadoras. Além disso, a liderança deve promover uma visão da IA como uma prioridade estratégica e defender a sua adoção em toda a organização.

Implementação de práticas de gestão da mudança

A adoção de tecnologias de IA exige frequentemente alterações significativas aos processos e fluxos de trabalho existentes. A implementação de práticas eficazes de gestão da mudança é essencial para garantir transições suaves. Isto inclui uma comunicação clara dos benefícios e objectivos da adoção da IA, abordando as preocupações dos colaboradores e fornecendo formação e apoio durante o período de transição. Envolver os funcionários no processo de adoção da IA e promover um sentido de propriedade também pode melhorar a aceitação e o envolvimento.

Considerações éticas e boas práticas

Garantir a equidade e atenuar os preconceitos

Os sistemas de IA podem perpetuar e amplificar os preconceitos existentes, conduzindo a resultados injustos. Para garantir a equidade, as organizações devem implementar metodologias robustas para a deteção e mitigação de preconceitos. Isto inclui a utilização de dados diversificados e representativos para treinar modelos de IA, a realização de auditorias regulares e a utilização de técnicas de reforço da equidade, como a reponderação e o debiasing contraditório. É também essencial estabelecer directrizes e princípios éticos para o desenvolvimento e implementação da IA.

Proteção da privacidade e da segurança dos dados

A privacidade e a segurança dos dados são considerações críticas na adoção da IA. As organizações devem implementar medidas fortes de proteção de dados, como encriptação, armazenamento seguro de dados e controlos de acesso, para salvaguardar os dados pessoais. O cumprimento dos regulamentos de proteção de dados, como o Regulamento Geral de Proteção de Dados (RGPD), e a adoção de técnicas de preservação da privacidade, como a privacidade diferencial e a aprendizagem federada, podem ajudar a proteger a privacidade dos indivíduos.

Promover a transparência e a responsabilização

A transparência e a responsabilidade são cruciais para criar confiança nos sistemas de IA. As organizações devem desenvolver modelos de IA transparentes que forneçam documentação clara dos seus processos de tomada de decisão. O estabelecimento de mecanismos de responsabilização, como pistas de auditoria e comités de supervisão, garante que os sistemas de IA funcionam de forma responsável. O envolvimento em esforços de comunicação e educação pública também pode aumentar a transparência e responder às preocupações do público sobre a IA.

Navegar pelas barreiras regulamentares e jurídicas

Conformidade com os requisitos regulamentares

O panorama regulamentar da IA é complexo e está em constante evolução. As organizações devem navegar por diversos regulamentos e normas para garantir a conformidade. A criação de equipas de conformidade dedicadas que se mantêm a par dos desenvolvimentos regulamentares e se envolvem com os reguladores pode ajudar as organizações a navegar neste cenário. Além disso, a adoção de práticas recomendadas e padrões do setor para desenvolvimento e implantação de IA pode melhorar a conformidade.

Estabelecimento de quadros jurídicos claros

A determinação da responsabilidade e da responsabilidade jurídica pelas decisões e acções baseadas na IA é uma questão complexa. O estabelecimento de quadros legais e directrizes claras para a utilização da IA é essencial para enfrentar estes desafios. O diálogo com decisores políticos e especialistas jurídicos pode ajudar a moldar regulamentos que equilibrem a inovação com a responsabilidade. Além disso, o desenvolvimento de acordos contratuais e cláusulas de responsabilidade para a implementação da IA pode proporcionar clareza e proteção a todas as partes envolvidas.

Colaboração internacional e normalização

A adoção da IA é um empreendimento global, e a colaboração internacional é essencial para abordar as barreiras regulamentares e legais. O envolvimento em fóruns internacionais e organismos de normalização pode ajudar a harmonizar os regulamentos e a desenvolver normas globais para a IA. Os esforços de colaboração podem promover a consistência, melhorar a interoperabilidade e facilitar a implantação responsável e ética de tecnologias de IA em todo o mundo.

Estudos de caso e histórias de sucesso

Nos cuidados de saúde, a IA foi adoptada com êxito para melhorar o diagnóstico, o tratamento e os cuidados aos doentes. Por exemplo, os sistemas de imagiologia alimentados por IA melhoraram a precisão e a velocidade de deteção de doenças. Os algoritmos de IA analisam os registos de saúde electrónicos para prever os resultados dos doentes e recomendar planos de tratamento personalizados. Estes avanços melhoraram os resultados dos doentes e reduziram os custos dos cuidados de saúde.

Finanças

No sector financeiro, a IA transformou a gestão do risco, a deteção de fraudes e o serviço ao cliente. Os algoritmos de IA analisam grandes quantidades de dados para detetar actividades fraudulentas e mitigar riscos. Os chatbots alimentados por IA fornecem um serviço ao cliente personalizado, melhorando a experiência do cliente e a eficiência operacional. Estas implementações conduziram a poupanças de custos significativas e a uma melhor prestação de serviços.

Fabrico

Na indústria transformadora, as tecnologias de IA optimizaram os processos de produção, reduziram o tempo de inatividade e melhoraram o controlo de qualidade. Os sistemas de manutenção preditiva alimentados por IA analisam dados de sensores para prever falhas no equipamento e programar a manutenção. Os algoritmos de IA optimizam os calendários de produção e a gestão da cadeia de abastecimento, melhorando a eficiência e reduzindo os custos. Estas implementações aumentaram a produtividade e a competitividade no sector da indústria transformadora.

Histórias de sucesso e boas práticas

A adoção bem sucedida da Inteligência Artificial (IA) em vários sectores demonstra o seu potencial transformador e fornece informações valiosas e melhores práticas. Este capítulo explora histórias de sucesso da implementação da IA, destacando como diferentes sectores aproveitaram a IA para alcançar melhorias significativas na eficiência, inovação e tomada de decisões.

Histórias de sucesso nos cuidados de saúde

Melhorar os diagnósticos com imagiologia baseada em IA

Uma das histórias de sucesso mais notáveis no sector dos cuidados de saúde é a utilização de sistemas de imagiologia alimentados por IA para melhorar o diagnóstico. Empresas como a Zebra Medical Vision e a PathAI desenvolveram algoritmos de IA que analisam imagens médicas para detetar doenças como o cancro, a pneumonia e a retinopatia diabética com elevada precisão. Estes sistemas ajudam os radiologistas, fornecendo segundas opiniões e identificando anomalias que podem passar despercebidas aos olhos humanos. A implementação da IA na imagiologia médica conduziu a diagnósticos mais precoces e mais exactos, a melhores resultados para os doentes e a uma redução dos custos dos cuidados de saúde.

Análise preditiva para tratamento personalizado

A IA também foi adoptada com êxito na análise preditiva para planos de tratamento personalizados. A IBM Watson Health e a Tempus desenvolveram plataformas de IA que analisam registos de saúde electrónicos, dados genómicos e ensaios clínicos para recomendar opções de tratamento personalizadas para pacientes com cancro e outras doenças complexas. Estes sistemas de IA têm em conta as características individuais dos doentes e prevêem as respostas ao tratamento, permitindo aos prestadores de cuidados de saúde tomar decisões mais informadas. O resultado são tratamentos mais eficazes e adaptados, melhorando as taxas de sobrevivência e a qualidade de vida dos doentes.

Descoberta de medicamentos com base em IA

A indústria farmacêutica registou avanços significativos com a descoberta de medicamentos com base na IA. Empresas como a Atomwise e a BenevolentAI utilizam algoritmos de IA para analisar grandes quantidades de dados químicos e biológicos para identificar potenciais candidatos a medicamentos. Estas plataformas de IA aceleram o processo de descoberta de medicamentos, prevendo a eficácia e a segurança dos compostos, reduzindo o tempo e o custo necessários para colocar novos medicamentos no mercado. A descoberta bem-sucedida de medicamentos com base na IA levou ao desenvolvimento de tratamentos promissores para doenças como a doença de Alzheimer e a COVID-19.

Histórias de sucesso em finanças

Deteção de fraudes e gestão de riscos

No sector financeiro, a IA revolucionou a deteção de fraudes e a gestão de riscos. Instituições financeiras como a JPMorgan Chase e a Mastercard utilizam algoritmos de IA para analisar dados de transacções e identificar actividades suspeitas em tempo real. Estes sistemas de IA detectam padrões indicativos de fraude, permitindo uma intervenção rápida e evitando perdas financeiras. Além disso, as ferramentas de gestão de risco com IA avaliam o risco de crédito, a volatilidade do mercado e as oportunidades de investimento, permitindo às instituições financeiras tomar decisões baseadas em dados e mitigar os riscos de forma eficaz.

Melhoria do serviço ao cliente com chatbots de IA

Os chatbots de IA melhoraram significativamente o serviço ao cliente no sector financeiro. Empresas como o Bank of America e a Wells Fargo implementaram assistentes virtuais alimentados por IA para lidar com as questões dos clientes e fornecer aconselhamento financeiro personalizado. Estes chatbots utilizam o processamento de linguagem natural (PNL) para compreender e responder às questões dos clientes, oferecendo apoio imediato e melhorando a satisfação do cliente. A adoção de chatbots com IA simplificou as operações de serviço ao cliente, reduziu os tempos de resposta e aumentou a eficiência operacional.

Negociação algorítmica e estratégias de investimento

A negociação algorítmica baseada em IA transformou as estratégias de investimento no sector financeiro. Empresas como a Renaissance Technologies e a Two Sigma utilizam algoritmos de IA para analisar dados de mercado, identificar oportunidades de negociação e executar transacções a alta velocidade. Estes sistemas de IA tiram partido da aprendizagem automática e da análise de dados para prever as tendências do mercado e otimizar as carteiras de investimento. A implementação da IA na negociação algorítmica resultou num maior retorno dos investimentos e na redução dos riscos de negociação.

Histórias de sucesso na indústria transformadora

Manutenção Preditiva e Monitorização de Equipamentos

Na indústria transformadora, os sistemas de manutenção preditiva alimentados por IA revolucionaram a monitorização e a manutenção do equipamento. Empresas como a General Electric e a Siemens utilizam algoritmos de IA para analisar dados de sensores de máquinas industriais e prever falhas nos equipamentos. Estes sistemas de IA detectam sinais precoces de desgaste, permitindo uma manutenção proactiva e reduzindo o tempo de inatividade não planeado. O resultado é o aumento da fiabilidade do equipamento, a redução dos custos de manutenção e a melhoria da produtividade global.

Otimização dos processos de produção

As tecnologias de IA optimizaram os processos de produção na indústria transformadora. Empresas como a Toyota e a BMW utilizam robôs alimentados por IA e algoritmos de aprendizagem automática para automatizar as linhas de montagem, otimizar os calendários de produção e garantir o controlo de qualidade. Estes sistemas de IA analisam os dados de produção para identificar ineficiências e recomendar melhorias nos processos. A implementação da IA nos processos de produção conduziu a um aumento da eficiência, à redução do desperdício e a uma maior qualidade dos produtos.

Otimização da cadeia de fornecimento

A IA também transformou a gestão da cadeia de abastecimento na indústria transformadora. Empresas como a Amazon e a Procter & Gamble utilizam algoritmos de IA para analisar os dados da cadeia de abastecimento, prever a procura e otimizar os níveis de inventário. Estes sistemas de IA fornecem informações em tempo real sobre as operações da cadeia de abastecimento, permitindo uma melhor tomada de decisões e reduzindo as rupturas de stock e as situações de excesso de stock. A adoção da IA na gestão da cadeia de abastecimento resultou em poupanças de custos, melhores prazos de entrega e maior satisfação do cliente.

Melhores práticas para a adoção da IA

Definir objectivos claros e casos de utilização

Uma das melhores práticas para uma adoção bem sucedida da IA é definir objectivos e casos de utilização claros. As organizações devem identificar problemas específicos que a IA pode resolver e definir objectivos mensuráveis para a implementação da IA. Esta clareza ajuda a selecionar as tecnologias de IA correctas e a garantir que as iniciativas de IA estão alinhadas com as prioridades empresariais.

Investir na gestão e qualidade dos dados

Dados de alta qualidade são essenciais para sistemas de IA eficazes. As organizações devem investir em práticas robustas de gestão de dados, incluindo limpeza, validação e enriquecimento de dados. Garantir a qualidade e a integridade dos dados é crucial para previsões e resultados exactos da IA. Além disso, é essencial implementar estruturas de governação de dados e garantir a conformidade com os regulamentos de proteção de dados.

Criar uma equipa de IA competente

Ter uma equipa de IA competente é fundamental para uma adoção bem sucedida da IA. As organizações devem investir no recrutamento e formação de profissionais com conhecimentos especializados em ciência de dados, aprendizagem automática e desenvolvimento de IA. A colaboração com instituições académicas e a oferta de oportunidades de aprendizagem contínua podem ajudar a criar e manter uma força de trabalho de IA qualificada.

Fomentar uma cultura de inovação e colaboração

Criar uma cultura de inovação e colaboração é essencial para a adoção da IA. As organizações devem incentivar a experimentação, a criatividade e a colaboração interfuncional. Fornecer recursos e apoio a iniciativas de inovação e promover uma visão da IA como uma prioridade estratégica pode impulsionar uma implementação bem sucedida da IA.

Garantir uma utilização ética e responsável da IA

As considerações éticas são fundamentais na adoção da IA. As organizações devem estabelecer directrizes e princípios éticos para o desenvolvimento e implementação da IA. Garantir a equidade, a transparência e a responsabilidade nos sistemas de IA é crucial para criar confiança e evitar preconceitos. A implementação de técnicas de preservação da privacidade e a garantia do cumprimento de normas éticas são também essenciais.

CAPÍTULO 8

Contribuição da IA para os Objectivos de Desenvolvimento Sustentável (ODS)

Ashwani Kumar

Escola de Engenharia e Tecnologia

K. R. Mangalam University, Gurugram, Haryana, Índia

Sudesh Singh

Departamento de Informática

NIET, Greater Noida, Uttar Pradesh, Índia

Introdução

Os Objectivos de Desenvolvimento Sustentável (ODS) das Nações Unidas consistem em 17 objectivos destinados a enfrentar desafios globais como a pobreza, a desigualdade, as alterações climáticas e a degradação ambiental até 2030. A Inteligência Artificial (IA) surgiu como uma ferramenta poderosa que pode contribuir significativamente para alcançar estes objectivos. Ao aproveitar as capacidades da IA, podemos acelerar o progresso, otimizar a utilização de recursos e desenvolver soluções inovadoras para problemas complexos.

A IA na luta contra a pobreza e na redução da fome

A IA tem o potencial de transformar a agricultura e a produção de alimentos, abordando assim o ODS 1 (Erradicação da pobreza) e o ODS 2 (Fome zero). A agricultura de precisão, alimentada pela IA, permite aos agricultores otimizar o rendimento das culturas através da análise das condições do solo, dos padrões climáticos e das infestações de pragas. As plataformas baseadas em IA podem fornecer aos agricultores dados em tempo real e informações accionáveis, levando a uma melhor tomada de decisões e a um aumento da produtividade. Além disso, a IA pode facilitar a distribuição de ajuda alimentar, prevendo áreas de necessidade e optimizando a logística, garantindo que os recursos chegam às populações mais vulneráveis.

Cuidados de saúde e bem-estar

A concretização do ODS 3 (Saúde e bem-estar) é fundamental para o desenvolvimento sustentável e a IA pode desempenhar um papel fundamental na revolução dos cuidados de saúde. Os algoritmos de IA podem analisar grandes quantidades de dados médicos para detetar doenças precocemente, prever surtos e personalizar planos de tratamento. Por exemplo, as ferramentas de diagnóstico alimentadas por IA podem ajudar os profissionais de saúde a identificar doenças como o cancro, doenças cardiovasculares e doenças genéticas raras com elevada precisão. A IA também pode melhorar os serviços de telemedicina, tornando os cuidados de saúde acessíveis a áreas remotas e mal servidas.

Educação de qualidade e aprendizagem ao longo da vida

A IA pode contribuir para o ODS 4 (Educação de Qualidade), transformando os sistemas educativos e promovendo a aprendizagem ao longo da vida. As plataformas de aprendizagem adaptativa alimentadas por IA podem proporcionar experiências de aprendizagem personalizadas, atendendo às necessidades únicas de cada aluno. As ferramentas baseadas em IA podem avaliar os pontos fortes e fracos dos alunos, recomendar percursos de aprendizagem adaptados e fornecer feedback instantâneo. Além disso, a IA pode apoiar os educadores através da automatização de tarefas administrativas, permitindo-lhes concentrar-se mais no ensino e na orientação.

Igualdade de género e inclusão social

A IA pode apoiar a realização do ODS 5 (igualdade de género), promovendo a igualdade de género e a inclusão social. Os algoritmos de IA podem identificar e atenuar os preconceitos no recrutamento, garantindo práticas de contratação justas. As ferramentas alimentadas por IA também podem analisar dados para descobrir disparidades de género em vários sectores e recomendar intervenções específicas. Além disso, a IA pode melhorar o acesso à educação e aos cuidados de saúde para as mulheres e as comunidades marginalizadas, capacitando-as e promovendo o crescimento inclusivo.

Água potável, saneamento e energia a preços acessíveis

A IA pode contribuir para o ODS 6 (água potável e saneamento) e o ODS 7 (energia acessível e limpa), optimizando a gestão dos recursos e melhorando as infra-estruturas. Os sistemas alimentados por IA podem monitorizar a qualidade da água, detetar fugas e prever a procura de água, garantindo uma utilização eficiente da água e reduzindo o desperdício. No sector da energia, a IA pode otimizar a produção e o consumo de energia, integrando fontes de energia renováveis na rede e reduzindo as emissões de carbono. As redes inteligentes e os sistemas de gestão de energia baseados na IA podem aumentar a fiabilidade e a sustentabilidade do fornecimento de energia.

Crescimento económico e trabalho digno

A IA tem o potencial de impulsionar o crescimento económico e criar oportunidades de trabalho digno, abordando o ODS 8 (Trabalho digno e crescimento económico). As tecnologias de IA podem aumentar a produtividade e a eficiência em vários sectores, da indústria transformadora às finanças. Ao automatizar tarefas repetitivas e otimizar processos, a IA pode libertar trabalhadores humanos para se concentrarem em tarefas de maior valor, promovendo a inovação e o desenvolvimento económico. Além disso, a IA pode apoiar a correspondência entre empregos e o desenvolvimento de competências, ajudando as pessoas a encontrar oportunidades de emprego que correspondam às suas capacidades e aspirações.

Cidades e comunidades sustentáveis

A IA pode contribuir para o ODS 11 (Cidades e Comunidades Sustentáveis), tornando as zonas urbanas mais sustentáveis e resilientes. Os sistemas alimentados por IA podem otimizar a gestão do tráfego, reduzindo o congestionamento e as emissões. As iniciativas de cidades inteligentes que utilizam a IA podem melhorar a gestão dos resíduos, a eficiência energética e a segurança pública. A análise baseada em IA também pode apoiar o planeamento urbano, fornecendo informações sobre tendências populacionais, necessidades de infra-estruturas e impactos ambientais, permitindo que as cidades cresçam de forma sustentável.

Ação climática e conservação do ambiente

A abordagem do ODS 13 (Ação Climática) e do ODS 15 (Vida Terrestre) exige soluções inovadoras para combater as alterações climáticas e proteger a biodiversidade. A IA pode contribuir através da análise de dados climáticos, da previsão de alterações ambientais e do desenvolvimento de estratégias de atenuação e adaptação. Os drones e sensores alimentados por IA podem monitorizar a desflorestação, o comércio ilegal de animais selvagens e as catástrofes naturais, fornecendo dados em tempo real para os esforços de conservação. A IA pode também apoiar o desenvolvimento de práticas agrícolas sustentáveis, reduzindo a pegada ambiental da produção alimentar.

Parcerias para os objectivos

A IA pode facilitar o ODS 17 (Parcerias para os Objectivos), promovendo a colaboração e a partilha de conhecimentos. As plataformas orientadas para a IA podem ligar as partes interessadas em todos os sectores, permitindo o intercâmbio de melhores práticas, recursos e conhecimentos especializados. A IA pode também aumentar a transparência e a responsabilização em projectos de desenvolvimento internacional, garantindo que os recursos são utilizados de forma eficaz e que os progressos no sentido dos ODS são monitorizados com precisão.

Impactos ambientais da IA

A Inteligência Artificial (IA) está a transformar as indústrias e as sociedades, impulsionando a inovação, a eficiência e o crescimento económico. No entanto, a adoção generalizada da IA também suscita preocupações ambientais significativas. Compreender os impactes ambientais da IA é crucial para desenvolver práticas sustentáveis e mitigar os efeitos negativos. Este capítulo explora as implicações ambientais da IA, incluindo o consumo de energia, a utilização de recursos e o potencial para resultados ambientais positivos e negativos.

Consumo de energia da IA

Um dos impactos ambientais mais significativos da IA é o seu consumo de energia. O treino de modelos de IA, em particular de algoritmos de aprendizagem profunda, requer uma potência computacional substancial, o que leva a um elevado consumo de energia. Os centros de dados, que albergam os servidores e as infra-estruturas necessárias para o processamento da IA, consomem grandes quantidades de eletricidade. De acordo com as estimativas, os centros de dados representam cerca de 1% do consumo mundial de eletricidade, prevendo-se que este valor aumente com a crescente procura de IA e de processamento de dados.

O treino de modelos avançados de IA, tais como modelos de processamento de linguagem natural como o GPT-3, envolve a execução de numerosos cálculos em grandes conjuntos de dados, muitas vezes durante semanas ou meses. Este processo consome muita energia, o que resulta numa grande pegada de carbono. Por exemplo, o treino de um único modelo de IA de grandes dimensões pode emitir tanto dióxido de carbono como vários automóveis durante toda a sua vida útil. A natureza intensiva de energia do treino de IA sublinha a necessidade de desenvolver algoritmos mais eficientes e de otimizar o hardware para reduzir o consumo de energia.

Utilização de recursos e resíduos electrónicos

O desenvolvimento e a implantação da IA também contribuem para a utilização de recursos e de resíduos electrónicos (e-waste). A produção de componentes de hardware, como GPUs (unidades de processamento gráfico) e chips de IA especializados, requer a extração de metais de terras raras e outras matérias-primas. A extração destes materiais pode ter impactos ambientais prejudiciais, incluindo a destruição de habitats, a poluição da água e as emissões de carbono.

Além disso, o rápido avanço da tecnologia de IA leva a actualizações frequentes do hardware, contribuindo para o problema crescente dos resíduos electrónicos. A eliminação de hardware desatualizado ou obsoleto apresenta riscos ambientais, uma vez que muitos dispositivos electrónicos contêm materiais perigosos que podem ser lixiviados para o solo e para a água, causando poluição e riscos para a saúde. A resolução destes problemas exige práticas sustentáveis no fabrico de hardware, reciclagem e desenvolvimento de componentes mais duradouros e energeticamente mais eficientes.

Impactos ambientais positivos da IA

Embora a IA coloque desafios ambientais, também oferece oportunidades para impactos ambientais positivos. A IA pode contribuir para a conservação e a sustentabilidade do ambiente de várias formas:

Otimização do consumo de energia

A IA pode otimizar o consumo de energia em vários sectores, incluindo a indústria transformadora, os transportes e os edifícios. Os sistemas de gestão de energia baseados em IA podem monitorizar e analisar a utilização de energia em tempo real, identificando ineficiências e recomendando ajustes. Por exemplo, a IA pode otimizar os sistemas de aquecimento, ventilação e ar condicionado (AVAC) nos edifícios, reduzindo o consumo de energia e as emissões de carbono. Na indústria transformadora, a IA pode otimizar os processos de produção, minimizando o desperdício e a utilização de energia.

Melhorar a integração das energias renováveis

A IA pode facilitar a integração de fontes de energia renováveis na rede eléctrica. Os algoritmos de IA podem prever a procura e a oferta de energia, permitindo uma melhor gestão da produção e do armazenamento de energias renováveis. Por exemplo, a IA pode prever padrões meteorológicos e otimizar o funcionamento de painéis solares e turbinas eólicas, maximizando a produção de energia. Além disso, a IA pode melhorar a eficiência dos sistemas de armazenamento de energia, garantindo um fornecimento estável e fiável de energia renovável.

Monitorização e conservação do ambiente

As tecnologias alimentadas por IA, como os drones e a teledeteção, podem monitorizar as condições ambientais e apoiar os esforços de conservação. A IA pode analisar imagens de satélite e dados de sensores para acompanhar a desflorestação, monitorizar populações de animais selvagens e detetar actividades ilegais, como a caça furtiva e o abate de árvores. A IA pode também apoiar a investigação sobre as alterações climáticas, analisando grandes conjuntos de dados para identificar tendências e prever futuras alterações ambientais. Estas aplicações da IA podem melhorar a nossa compreensão dos desafios ambientais e informar estratégias de conservação eficazes.

Reduzir os resíduos e promover a economia circular

A IA pode contribuir para reduzir os resíduos e promover uma economia circular. Os algoritmos de IA podem otimizar as cadeias de abastecimento, reduzindo o excesso de inventário e minimizando os resíduos. Por exemplo, a IA pode prever com maior exatidão a procura dos consumidores, permitindo aos fabricantes produzir a quantidade certa de bens e reduzir a sobreprodução. A IA também pode apoiar os esforços de reciclagem, melhorando os processos de triagem e identificando materiais recicláveis. Ao aumentar a eficiência e promover a reutilização de recursos, a IA pode ajudar na transição para uma economia mais sustentável e circular.

Atenuar o impacto ambiental da IA

Para atenuar o impacto ambiental da IA, podem ser adoptadas várias estratégias:

Desenvolvimento de algoritmos eficientes em termos energéticos

Os investigadores e os programadores podem concentrar-se na criação de algoritmos de IA eficientes do ponto de vista energético que exijam menos potência computacional. Técnicas como a poda de modelos, a quantização e a destilação de conhecimentos podem reduzir a complexidade e o consumo de energia dos modelos de IA sem comprometer o desempenho. Além disso, a exploração de métodos de formação alternativos, como a aprendizagem federada, pode distribuir a carga computacional e reduzir a necessidade de centros de dados centralizados.

Otimização de centros de dados

Melhorar a eficiência energética dos centros de dados é essencial para reduzir o impacto ambiental da IA. Os centros de dados devem implementar sistemas de arrefecimento eficientes em termos energéticos, otimizar a utilização do servidor e adotar fontes de energia renováveis. As tecnologias de arrefecimento inovadoras, como o arrefecimento por imersão líquida e os sistemas de gestão de arrefecimento orientados para a IA, podem reduzir significativamente o consumo de energia. Além disso, os centros de dados podem utilizar algoritmos de aprendizagem automática para atribuir dinamicamente cargas de trabalho e ajustar a utilização de energia com base na procura, optimizando ainda mais a eficiência energética.

Promoção do desenvolvimento sustentável do hardware

A promoção de práticas sustentáveis no desenvolvimento de hardware é crucial para reduzir o impacto ambiental da IA. Os fabricantes devem dar prioridade à conceção de componentes energeticamente eficientes e à redução da utilização de materiais perigosos na produção. Aumentar a durabilidade e a capacidade de reciclagem do hardware de IA pode minimizar os resíduos electrónicos e apoiar a transição para uma economia circular. Além disso, a promoção da renovação e reutilização de dispositivos electrónicos pode prolongar o seu ciclo de vida e reduzir a pegada ambiental.

Regulamentar o desenvolvimento e a implantação da IA

Os governos e os órgãos reguladores desempenham um papel vital na mitigação do impacto ambiental da IA por meio de estruturas políticas e regulamentações. A implementação de normas de eficiência energética para hardware de IA e centros de dados pode incentivar a adoção de práticas sustentáveis. Além disso, a promoção da transparência e da responsabilidade no desenvolvimento da IA pode garantir que as considerações ambientais sejam integradas nos projectos de IA desde o início até à sua implementação. Os quadros regulamentares podem também abordar a gestão dos resíduos electrónicos, promovendo a eliminação responsável e a reciclagem de produtos electrónicos relacionados com a IA.

Sensibilização e educação do público

Aumentar a consciencialização pública sobre o impacto ambiental da IA e promover práticas sustentáveis é essencial para impulsionar a mudança. Educar as empresas, os consumidores e os decisores políticos sobre os benefícios das tecnologias de IA energeticamente eficientes e a importância de reduzir os resíduos electrónicos pode promover uma cultura de sustentabilidade. As campanhas de sensibilização do público podem realçar o papel da IA na resolução dos desafios ambientais e incentivar as pessoas a fazerem escolhas informadas que minimizem o impacto ambiental.

Inovações em IA sustentável

À medida que o mundo enfrenta desafios ambientais crescentes, a procura de tecnologias sustentáveis, incluindo a Inteligência Artificial (IA), está a aumentar. A IA sustentável refere-se ao desenvolvimento e implementação de sistemas de IA que minimizem o impacto ambiental, promovam a responsabilidade social e contribuam para objectivos de sustentabilidade a longo prazo.

Algoritmos de IA energeticamente eficientes

Uma das principais inovações na IA sustentável é o desenvolvimento de algoritmos energeticamente eficientes. Os modelos tradicionais de IA, especialmente os algoritmos de aprendizagem profunda, são computacionalmente intensivos e consomem quantidades significativas de energia durante a formação e a inferência. As inovações na investigação em IA centram-se na otimização de algoritmos para reduzir a complexidade computacional e o consumo de energia sem comprometer o desempenho. Técnicas como a compressão de modelos, a quantização e as redes neurais esparsas têm como objetivo simplificar os modelos de IA, tornando-os mais eficientes e amigos do ambiente.

Os investigadores estão também a explorar novos paradigmas como a aprendizagem federada, em que os modelos de IA são treinados localmente em dispositivos distribuídos sem transferir dados em bruto para servidores centrais. Esta abordagem minimiza os riscos de privacidade dos dados e reduz a necessidade de recursos informáticos centralizados, diminuindo assim o consumo de energia e as emissões de carbono associadas à formação em IA.

Hardware de IA verde

Os avanços na conceção do hardware desempenham um papel crucial no desenvolvimento sustentável da IA. O hardware de IA ecológico engloba processadores energeticamente eficientes, chips de IA especializados e materiais sustentáveis que reduzem o impacto ambiental ao longo do ciclo de vida dos sistemas de IA. Os fabricantes estão a dar cada vez mais prioridade à utilização de materiais renováveis e recicláveis na produção de hardware de IA, minimizando os resíduos electrónicos e promovendo uma economia circular.

Estão também a surgir tecnologias de arrefecimento inovadoras, como o arrefecimento por imersão em líquido e os sistemas de gestão térmica orientados para a IA, para melhorar a eficiência energética nos centros de dados e nas infra-estruturas de IA. Estas tecnologias dissipam o calor de forma mais eficaz do que os métodos tradicionais de arrefecimento a ar, reduzindo o consumo de energia e os custos operacionais, ao mesmo tempo que prolongam a vida útil dos componentes de hardware.

IA para a integração das energias renováveis

A IA está a impulsionar a inovação na integração das energias renováveis, facilitando a transição para um futuro energético sustentável. Os algoritmos de IA analisam conjuntos de dados complexos de fontes de energia renováveis, como a energia solar, eólica e hidroelétrica, para otimizar a produção, o armazenamento e a distribuição de energia. A análise preditiva e os modelos de aprendizagem automática permitem aos operadores de rede antecipar as flutuações da procura de energia, gerir a estabilidade da rede e maximizar a eficiência dos activos de energias renováveis.

As tecnologias de redes inteligentes, alimentadas por IA, aumentam a resiliência e a fiabilidade dos sistemas de energias renováveis, ajustando dinamicamente os fluxos de energia e respondendo às condições da rede em tempo real. As soluções de gestão de energia baseadas em IA também permitem que os consumidores participem em programas de resposta à procura, optimizando os padrões de consumo de energia e reduzindo a dependência dos combustíveis fósseis.

Práticas éticas de IA para a sustentabilidade

As considerações éticas são essenciais para o desenvolvimento e a implantação sustentáveis da IA. As inovações nas práticas éticas de IA promovem a transparência, a equidade e a responsabilidade nos sistemas de IA, garantindo que estes defendem os valores sociais e contribuem positivamente para a sustentabilidade ambiental. Os investigadores e os profissionais estão a desenvolver quadros para a conceção ética da IA que dão prioridade à privacidade dos dados, atenuam a parcialidade dos algoritmos e promovem a confiança entre os sistemas de IA e os utilizadores.

Os quadros de governação responsável da IA incentivam as organizações a adotar princípios de ética da IA, como a justiça, a inclusão e a responsabilidade ambiental, nas suas estratégias de IA e processos de tomada de decisão. Iniciativas como as Avaliações de Impacto da IA e a Certificação Ética da IA visam avaliar as implicações sociais e ambientais dos projectos de IA, orientando os criadores para práticas sustentáveis e normas éticas.

IA para a monitorização e conservação do ambiente

As tecnologias de IA estão a revolucionar os esforços de monitorização e conservação ambiental em todo o mundo. As inovações em sensores alimentados por IA, drones e imagens de satélite permitem a recolha e análise de dados em tempo real em diversos ecossistemas, facilitando a deteção precoce de alterações ambientais e intervenções de conservação. Os algoritmos de IA detectam a desflorestação, monitorizam as populações de animais selvagens e acompanham as actividades ilegais, apoiando a conservação da biodiversidade e as iniciativas de recuperação de habitats.

As tecnologias de deteção remota alimentadas por IA fornecem informações valiosas sobre os impactos das alterações climáticas, a gestão dos recursos naturais e as estratégias de resposta a catástrofes. A análise preditiva e as ferramentas de modelação ajudam os decisores políticos, os conservacionistas e as comunidades locais a tomar decisões informadas para proteger os habitats naturais, mitigar os riscos ambientais e promover práticas sustentáveis de utilização dos solos.

IA para uma agricultura sustentável e segurança alimentar

As inovações impulsionadas pela IA na agricultura são fundamentais para alcançar a segurança alimentar global, minimizando o impacto ambiental. As práticas agrícolas sustentáveis apoiadas pela IA incluem a agricultura de precisão, a análise preditiva para a gestão das culturas e os sistemas de irrigação inteligentes. Os algoritmos de IA analisam dados do solo, padrões climáticos e métricas de saúde das culturas para otimizar a utilização de recursos, reduzir a utilização de água e pesticidas e aumentar o rendimento das culturas de forma sustentável.

As técnicas de agricultura de precisão, como os drones e a imagiologia por satélite, permitem aos agricultores monitorizar as condições dos campos em tempo real, detetar precocemente as doenças das culturas e aplicar intervenções específicas. A robótica alimentada por IA e a maquinaria agrícola automatizada aumentam a eficiência operacional, minimizando a compactação do solo e a pegada ambiental. Estas tecnologias apoiam o ODS 2 (Fome Zero), melhorando a produtividade agrícola e a resiliência aos impactes das alterações climáticas.

IA para a atenuação e adaptação às alterações climáticas

A IA é uma ferramenta poderosa para estratégias de mitigação e adaptação às alterações climáticas, abordando o ODS 13 (Ação Climática) e o ODS 15 (Vida Terrestre). A modelação climática e a análise preditiva alimentadas pela IA permitem aos cientistas simular cenários climáticos, avaliar riscos e desenvolver estratégias para reduzir as emissões de gases com efeito de estufa. Os algoritmos de IA analisam vastos conjuntos de dados de estações meteorológicas, satélites e sensores ambientais para prever fenómenos meteorológicos extremos e informar os esforços de preparação e resposta a catástrofes.

As inovações impulsionadas pela IA no domínio das energias renováveis, como a previsão da energia solar e eólica, optimizam a produção de energia e a estabilidade da rede, reduzindo simultaneamente a dependência dos combustíveis fósseis. As tecnologias de redes inteligentes tiram partido da IA para equilibrar a oferta e a procura, integrar recursos energéticos distribuídos e melhorar a eficiência energética em toda a rede eléctrica. Estes avanços aceleram a transição para uma economia de baixo carbono e promovem soluções energéticas sustentáveis em todo o mundo.

IA para a gestão e conservação dos recursos hídricos

A gestão eficaz dos recursos hídricos é essencial para o desenvolvimento sustentável e a conservação do ambiente. As tecnologias de IA desempenham um papel fundamental na monitorização, análise e otimização da utilização da água nos sectores agrícola, industrial e municipal. Os sensores alimentados por IA e os dispositivos IoT fornecem dados em tempo real sobre a qualidade da água, os padrões de consumo e a integridade das infra-estruturas, permitindo uma gestão proactiva e a deteção precoce de desafios relacionados com a água.

Os algoritmos de IA prevêem a procura de água, optimizam as redes de distribuição e apoiam os processos de tomada de decisão para estratégias de atribuição e conservação de água. Os sistemas inteligentes de gestão da água, impulsionados pela análise da IA, reduzem o desperdício de água, melhoram a eficiência da irrigação e atenuam os riscos de secas e escassez de água. Estas inovações contribuem para o ODS 6 (Água potável e saneamento), promovendo práticas sustentáveis de utilização da água e garantindo o acesso a fontes de água seguras e fiáveis para todas as comunidades.

IA para a Conservação da Biodiversidade e a Restauração dos Ecossistemas

A preservação da biodiversidade e a recuperação dos ecossistemas são fundamentais para manter a saúde do planeta e apoiar meios de subsistência sustentáveis. As tecnologias de IA facilitam a monitorização da biodiversidade, a conservação das espécies e os esforços de recuperação de habitats em todo o mundo. As tecnologias de deteção remota alimentadas por IA analisam imagens de satélite e dados ecológicos para cartografar os pontos críticos da biodiversidade, monitorizar as populações de animais selvagens e detetar alterações ambientais que ameacem os ecossistemas.

Estudos de casos de aplicações de IA sustentáveis

Os estudos de caso de aplicações sustentáveis de IA fornecem exemplos reais de como as tecnologias de IA são aplicadas para enfrentar desafios ambientais, promover a equidade social e contribuir para os objectivos de desenvolvimento sustentável (ODS).

IA na otimização das energias renováveis

Um estudo de caso convincente de aplicação sustentável da IA é a sua utilização na otimização de fontes de energia renováveis, como a energia solar e eólica. Os algoritmos de IA analisam padrões climáticos, dados históricos e dados de sensores em tempo real para prever com maior exatidão a produção de energia a partir de fontes renováveis. Por exemplo, na Alemanha, os sistemas de previsão de energia baseados em IA melhoraram a integração da energia eólica e solar na rede, aumentando a eficiência energética e reduzindo a dependência dos combustíveis fósseis.

As capacidades preditivas da IA permitem aos operadores de energia antecipar as flutuações da oferta e da procura de energias renováveis, optimizando o armazenamento e a distribuição de energia. Esta abordagem apoia o ODS 7 (Energia Acessível e Limpa), promovendo a transição para sistemas energéticos sustentáveis e reduzindo as emissões de carbono.

IA para a agricultura sustentável e a agricultura de precisão

Na agricultura, as tecnologias de agricultura de precisão alimentadas por IA estão a revolucionar as práticas agrícolas para obter maiores rendimentos, minimizando o impacto ambiental. Por exemplo, a utilização de drones com IA e imagens de satélite ajuda os agricultores a monitorizar a saúde das culturas, os níveis de humidade do solo e as necessidades de nutrientes de forma mais eficiente. Os algoritmos de IA analisam os dados para gerar informações accionáveis, orientando os agricultores na otimização dos calendários de irrigação, na aplicação criteriosa de fertilizantes e na gestão mais eficaz das pragas.

Estudos de caso de regiões como a Índia e os Estados Unidos demonstram melhorias significativas na produtividade das culturas e na eficiência dos recursos através da agricultura de precisão baseada na IA. Esses avanços apoiam o ODS 2 (Fome Zero), aumentando a segurança alimentar, promovendo práticas agrícolas sustentáveis e reduzindo os insumos agrícolas, como água e produtos químicos.

IA para cidades inteligentes e sustentabilidade urbana

As iniciativas de cidades inteligentes tiram partido das tecnologias de IA para reforçar a sustentabilidade urbana, melhorar a eficiência das infra-estruturas e melhorar a qualidade de vida dos residentes. Estudos de caso de cidades como Singapura e Barcelona ilustram aplicações de IA no planeamento urbano, gestão de transportes e conservação de energia. Os sensores alimentados por IA e os dispositivos IoT monitorizam os padrões de tráfego, optimizam as rotas dos transportes públicos e gerem o consumo de energia nos edifícios, reduzindo as emissões de gases com efeito de estufa e o congestionamento urbano.

A análise preditiva baseada em IA permite aos planeadores urbanos antecipar as necessidades de infra-estruturas, responder aos desafios ambientais e promover o acesso equitativo aos serviços. Estes esforços estão alinhados com o ODS 11 (Cidades e Comunidades Sustentáveis), promovendo um desenvolvimento urbano inclusivo, resiliente e sustentável.

IA para a monitorização e conservação do ambiente

A IA desempenha um papel crucial na monitorização ambiental e nos esforços de conservação em todo o mundo, salvaguardando a biodiversidade e preservando os habitats naturais. Os estudos de caso destacam aplicações de IA no rastreio da vida selvagem, mapeamento de habitats e deteção de caça furtiva ilegal. Por exemplo, armadilhas fotográficas e sensores acústicos alimentados por IA monitorizam espécies ameaçadas de extinção, como tigres e elefantes, em áreas remotas, permitindo uma intervenção precoce e acções de conservação.

Na floresta amazónica, os algoritmos de IA analisam imagens de satélite para detetar actividades de desflorestação e rastrear operações de abate ilegal de árvores. Estas tecnologias permitem que os conservacionistas e os decisores políticos implementem intervenções atempadas, apliquem regulamentos ambientais e promovam práticas sustentáveis de utilização dos solos. A contribuição da IA para a conservação da biodiversidade apoia o ODS 15 (Vida Terrestre) através da proteção dos ecossistemas terrestres e da preservação da diversidade biológica.

Considerações éticas e práticas de IA responsáveis

Embora a IA ofereça um imenso potencial para o desenvolvimento sustentável, as considerações éticas e as práticas responsáveis de IA são essenciais para mitigar os riscos e garantir impactos sociais positivos. Os estudos de caso enfatizam a importância da transparência, justiça e responsabilidade nas implantações de IA. Iniciativas como as Avaliações de Impacto da IA e os quadros de Certificação Ética da IA orientam as organizações na avaliação das implicações éticas dos projectos de IA e na promoção da inovação responsável.

Por exemplo, as práticas éticas de IA nos cuidados de saúde garantem a privacidade dos doentes, atenuam os enviesamentos nos algoritmos de diagnóstico e respeitam as normas de ética médica. As plataformas de telemedicina alimentadas por IA expandem o acesso a serviços de saúde em comunidades carenciadas, apoiando o ODS 3 (Boa Saúde e Bem-Estar) ao melhorar a prestação de cuidados de saúde e os resultados.

CAPÍTULO 9

IA nas políticas públicas e na governação

Ashwani Kumar

Escola de Engenharia e Tecnologia

K. R. Mangalam University, Gurugram, Haryana, Índia

Sanjay Singh

Escola de Engenharia e Tecnologia Amity

Universidade de Amity, Uttar Pradesh, Índia

Introdução

A eficiência nas operações governamentais é fundamental para prestar serviços públicos de forma eficaz, otimizar a atribuição de recursos e responder rapidamente às necessidades da sociedade. À medida que a tecnologia continua a avançar a um ritmo acelerado, a utilização da inteligência artificial (IA) e de outras ferramentas inovadoras tornou-se essencial para simplificar as operações, melhorar os processos de tomada de decisão e aumentar a eficácia geral da governação.

Definição e importância da eficiência da administração pública

A eficiência da administração pública refere-se à capacidade de as instituições públicas alcançarem os resultados desejados com o mínimo de desperdício, esforço ou recursos. Engloba vários aspectos, como a eficácia operacional, a rapidez da prestação de serviços, a transparência e a capacidade de resposta às necessidades dos cidadãos. Os governos eficientes são capazes de maximizar o impacto da despesa pública, assegurar a responsabilização e promover a confiança do público.

O aumento da eficiência da administração pública é crucial por várias razões. Em primeiro lugar, permite que os governos prestem serviços de forma mais eficaz, satisfazendo as necessidades dos cidadãos em tempo útil. Por exemplo, processos administrativos simplificados reduzem a burocracia, permitindo um processamento mais rápido de autorizações, licenças e programas de assistência pública. Em segundo lugar, a eficiência ajuda os governos a otimizar a atribuição de recursos, garantindo que os fundos dos contribuintes são utilizados de forma sensata para alcançar resultados mensuráveis nos cuidados de saúde, educação, infra-estruturas e outros sectores críticos. Em terceiro lugar, uma governação eficiente promove a transparência e a responsabilização, reduzindo a corrupção e aumentando a confiança do público nas instituições governamentais.

O papel da IA no aumento da eficiência da administração pública

As tecnologias de inteligência artificial (IA) surgiram como ferramentas poderosas para melhorar a eficiência da administração pública em vários domínios. A IA engloba uma série de capacidades, como a aprendizagem automática, o processamento de linguagem natural, a análise preditiva e a automatização de processos robóticos, cada uma oferecendo oportunidades únicas para transformar a forma como as administrações públicas funcionam e prestam serviços.

Automatização de tarefas administrativas: Uma das principais aplicações da IA na administração pública é a automatização das tarefas administrativas de rotina. Os sistemas alimentados por IA podem lidar com a entrada de dados, o processamento de documentos e os fluxos de trabalho repetitivos com rapidez e precisão, libertando os recursos humanos para a tomada de decisões mais complexas e para as funções viradas para o cidadão. Por exemplo, os chatbots de IA implantados nos sítios Web da administração pública podem dar respostas instantâneas aos pedidos de informação dos cidadãos, reduzindo a necessidade de operações manuais de serviço ao cliente.

Tomada de decisões com base em dados: Os algoritmos de IA analisam grandes quantidades de dados para identificar padrões, tendências e conhecimentos que informam as decisões políticas e a afetação de recursos. Os governos podem utilizar a análise preditiva para prever a procura de serviços públicos, otimizar o fluxo de tráfego em cidades inteligentes e detetar fraudes em programas de assistência social. Por exemplo, os modelos de policiamento preditivo utilizam a IA para analisar dados sobre a criminalidade e afetar recursos de forma mais eficaz para prevenir actividades criminosas.

Melhorar os serviços aos cidadãos: As tecnologias de IA melhoram a qualidade e a acessibilidade dos serviços aos cidadãos. O processamento de linguagem natural permite que os assistentes virtuais com IA compreendam e respondam às questões dos cidadãos em várias línguas, melhorando a experiência do utilizador nos sítios Web e nas linhas de apoio da administração pública. As recomendações personalizadas baseadas em IA também podem ajudar os cidadãos a navegar em ofertas de serviços complexos, como opções de cuidados de saúde ou programas de educação.

Estudos de casos de implementação da IA na administração pública

Vários países implementaram com êxito iniciativas de IA para melhorar a eficiência da administração pública e a prestação de serviços. Estes estudos de caso destacam diversas aplicações da IA em diferentes sectores e fornecem informações sobre o seu impacto e eficácia.

Administração pública em linha da Estónia: A Estónia é conhecida pela sua infraestrutura avançada de administração pública eletrónica, que utiliza tecnologias de IA e de cadeias de blocos para simplificar os processos administrativos e aumentar a transparência. O sistema de identidade digital do país permite aos cidadãos aceder a uma vasta gama de serviços públicos em linha, desde a votação e a declaração de impostos até à inscrição nos cuidados de saúde e na educação. Os algoritmos de IA apoiam a integração de dados entre agências governamentais, permitindo uma prestação de serviços sem descontinuidades e uma gestão eficiente dos recursos.

Iniciativa "Smart Nation" de Singapura: A iniciativa Smart Nation de Singapura integra tecnologias de IA e IoT para criar um ambiente urbano conectado que melhora a qualidade de vida e as oportunidades económicas dos seus residentes. Os sensores alimentados por IA monitorizam os padrões de tráfego, optimizam as rotas dos transportes públicos e gerem o consumo de energia nos edifícios, reduzindo as emissões de carbono e melhorando a sustentabilidade urbana. A estratégia de IA do governo concentra-se em alavancar a análise de dados para orientar as decisões políticas e fornecer serviços personalizados aos cidadãos.

IA dos Estados Unidos para conformidade regulamentar: Nos Estados Unidos, as agências reguladoras, como a Food and Drug Administration (FDA) e a Environmental Protection Agency (EPA), utilizam a IA para simplificar os processos de conformidade regulamentar. Os algoritmos de IA analisam dados de inspecções, auditorias e feedback do público para identificar proactivamente os riscos de conformidade e recomendar acções correctivas. Esta abordagem aumenta a eficiência regulamentar, acelera os processos de aprovação de novos produtos e garante a segurança pública e a proteção ambiental.

Desafios e considerações na adoção da IA

Apesar dos potenciais benefícios, a adoção da IA na administração pública enfrenta vários desafios e considerações que devem ser abordados para maximizar o seu impacto e garantir uma implantação ética e responsável.

Privacidade e segurança dos dados: Os governos devem priorizar a privacidade e a segurança dos dados ao implementar sistemas de IA que lidam com informações confidenciais dos cidadãos. Medidas robustas de proteção de dados, protocolos de encriptação e conformidade com os regulamentos de privacidade são essenciais para criar confiança e salvaguardar contra violações de dados ou utilização indevida.

Utilização ética da IA: Os algoritmos de IA podem perpetuar preconceitos ou discriminação se não forem corretamente concebidos ou monitorizados. Os governos devem implementar directrizes éticas e medidas de transparência para mitigar os enviesamentos na tomada de decisões da IA, particularmente em áreas sensíveis como a justiça criminal, os cuidados de saúde e os serviços sociais.

Requalificação e adaptação da força de trabalho: A adoção de tecnologias de IA exige que os funcionários públicos adquiram novas aptidões e competências para utilizar e gerir eficazmente os sistemas de IA. Investir em programas de requalificação da força de trabalho e oferecer oportunidades de aprendizagem contínua é crucial para garantir que os funcionários públicos estejam preparados para a transformação digital das operações governamentais.

Confiança e aceitação do público: Construir a confiança do público nas iniciativas governamentais orientadas para a IA requer uma comunicação clara, o envolvimento das partes interessadas e mecanismos de responsabilização. Os governos devem envolver os cidadãos no processo de tomada de decisão, abordar as preocupações sobre a deslocação de empregos e demonstrar os benefícios tangíveis da IA na melhoria dos serviços públicos e da governação.

Benefícios para os cidadãos e para a sociedade

Os esforços para melhorar a eficiência da administração pública através da IA trazem benefícios significativos para os cidadãos e para a sociedade em geral. Uma melhor prestação de serviços, a redução dos encargos administrativos e tempos de resposta mais rápidos aumentam a satisfação e a confiança dos cidadãos nas instituições governamentais. A atribuição eficiente de recursos e a poupança de custos permitem aos governos investir em infra-estruturas críticas, cuidados de saúde, educação e programas de bem-estar social que promovem o crescimento económico equitativo e a inclusão social.

Tendências e considerações futuras

Olhando para o futuro, o futuro da IA na administração pública é promissor, com várias tendências e considerações emergentes a moldar a sua evolução:

IA na gestão de crises: A análise preditiva alimentada por IA e o processamento de dados em tempo real podem melhorar a capacidade dos governos para responder a catástrofes naturais, pandemias e outras emergências. Os sistemas de alerta precoce, a otimização da cadeia de abastecimento e a coordenação da resposta a emergências beneficiam de conhecimentos baseados em IA e de ferramentas de apoio à decisão.

IA na inovação política: Os algoritmos de IA podem simular cenários políticos, prever o impacto das alterações legislativas e informar a elaboração de políticas baseadas em factos. Os governos podem utilizar a IA para analisar o sentimento do público, identificar tendências emergentes e adaptar os quadros regulamentares para responder às necessidades e desafios sociais em evolução.

Colaboração global e normas: A colaboração internacional e o desenvolvimento de normas e melhores práticas de IA são essenciais para garantir a interoperabilidade, a partilha de dados e a implantação ética da IA além-fronteiras. Os governos podem beneficiar da partilha de conhecimentos, recursos e experiência para acelerar a inovação da IA e enfrentar desafios globais como as alterações climáticas, a saúde pública e a cibersegurança.

O aumento da eficiência da administração pública através de tecnologias de IA representa uma oportunidade transformadora para melhorar a prestação de serviços públicos, otimizar a atribuição de recursos e promover uma governação mais reactiva e responsável. Ao tirar partido das capacidades da IA em matéria de automatização, análise de dados e envolvimento dos cidadãos, os governos podem enfrentar desafios complexos de forma mais eficaz, aumentar a transparência e a responsabilização e criar confiança junto dos cidadãos. No entanto, a obtenção destes benefícios exige uma análise cuidadosa dos princípios éticos, das preocupações com a privacidade dos dados, da preparação da força de trabalho e do envolvimento das partes interessadas. Ao adotar a IA de forma responsável e inclusiva, os governos podem aproveitar todo o seu potencial para criar sociedades mais inteligentes, mais resilientes e centradas nos cidadãos para o futuro.

Respostas políticas aos impactos sociais da IA

A Inteligência Artificial (IA) representa uma força transformadora com profundas implicações em toda a sociedade, abrangendo a produtividade económica, a equidade social e considerações éticas. À medida que as tecnologias de IA avançam e se tornam mais integradas na vida quotidiana, os governos de todo o mundo enfrentam o desafio de formular políticas eficazes para maximizar os benefícios e, ao mesmo tempo, atenuar os riscos potenciais.

A Inteligência Artificial, caracterizada pela sua capacidade de realizar tarefas que normalmente requerem inteligência humana, evoluiu rapidamente de uma novidade tecnológica para uma pedra angular da inovação moderna. A sua implantação em sectores como os cuidados de saúde, as finanças, os transportes e a governação promete eficiências e capacidades sem precedentes. No entanto, a adoção generalizada da IA também suscita preocupações sociais significativas, incluindo a deslocação de postos de trabalho, implicações éticas e riscos para a privacidade. A adoção de respostas políticas eficazes é crucial para aproveitar o potencial da IA e, ao mesmo tempo, enfrentar estes desafios complexos.

Panorama político atual

O panorama regulamentar em torno da IA varia significativamente entre países e regiões, reflectindo abordagens diversas para equilibrar a inovação com a proteção da sociedade. Nos Estados Unidos, os quadros regulamentares centram-se em grande parte em directrizes sectoriais específicas e normas voluntárias, promovendo um ambiente propício ao avanço tecnológico. Entretanto, a União Europeia (UE) assumiu uma postura mais proactiva com regulamentos abrangentes, como o Regulamento Geral de Proteção de Dados (RGPD), que estabelece requisitos rigorosos para a privacidade e proteção de dados - uma consideração crítica no desenvolvimento da IA.

Desafios societais colocados pela IA

O rápido avanço da IA coloca vários desafios societais que exigem respostas políticas sólidas:

Deslocação de empregos e mudanças no mercado de trabalho: A automatização impulsionada pelas tecnologias de IA ameaça os postos de trabalho tradicionais em vários sectores, suscitando preocupações sobre o desemprego e a necessidade de programas de requalificação e melhoria das competências da mão de obra.

Implicações éticas e preconceitos algorítmicos: os algoritmos de IA, que dependem de conjuntos de dados que podem refletir preconceitos, correm o risco de perpetuar as desigualdades sociais e a discriminação se não forem devidamente geridos e regulamentados.

Privacidade e proteção de dados: A proliferação de tecnologias orientadas para a IA exacerba as preocupações com a privacidade dos dados pessoais, suscitando apelos a uma regulamentação rigorosa para salvaguardar os direitos individuais e atenuar os riscos de violação e utilização indevida dos dados.

Fosso digital e acessibilidade: O acesso desigual às tecnologias de IA e às competências digitais poderá alargar as disparidades sociais existentes, exigindo políticas inclusivas para garantir uma participação equitativa na economia impulsionada pela IA.

Respostas e abordagens políticas

Os governos de todo o mundo estão a adotar diversas abordagens políticas para enfrentar estes desafios e aproveitar o potencial da IA para benefício da sociedade:

Quadros regulamentares: É essencial estabelecer directrizes e regulamentos claros para reger o desenvolvimento, a implantação e a utilização da IA. Por exemplo, o AI Act da UE propõe uma abordagem baseada no risco que categoriza as aplicações de IA em categorias de risco baixo, alto e inaceitável, cada uma sujeita a diferentes graus de escrutínio regulamentar e requisitos de conformidade.

Directrizes e princípios éticos: As estruturas éticas de IA, como as delineadas por organizações como a OCDE e o IEEE, enfatizam princípios de transparência, responsabilidade, justiça e design centrado no ser humano. Estes princípios visam orientar os programadores e os utilizadores para garantir que as tecnologias de IA respeitam as normas éticas e os valores sociais.

Cooperação internacional: A colaboração entre nações é crucial para harmonizar políticas, padrões e normas globais de IA. Iniciativas como a Parceria Global em IA (GPAI) facilitam o diálogo e a cooperação entre os países membros para desenvolver tecnologias de IA de forma responsável e inclusiva.

Estudos de casos de respostas políticas eficazes

A análise de estudos de casos fornece informações sobre respostas políticas eficazes e o seu impacto na abordagem dos impactos sociais da IA:

RGPD e protecções de privacidade de dados (UE): O GDPR estabelece uma referência global para a proteção de dados, exigindo que as organizações obtenham o consentimento explícito para o processamento de dados e fornecendo aos indivíduos direitos de acesso, retificação e eliminação dos seus dados pessoais. Este regulamento influenciou os debates globais sobre a ética da IA e as normas de privacidade.

Abordagem do Canadá à IA responsável: A Estratégia Pan-Canadiana de Inteligência Artificial do Canadá centra-se no avanço da investigação e desenvolvimento da IA, promovendo simultaneamente práticas éticas de IA. A estratégia enfatiza a colaboração interdisciplinar, o financiamento da inovação em IA e o envolvimento do público para garantir que a IA beneficie todos os canadianos.

Quadro de governação da IA de Singapura: O Modelo de Estrutura de Governação de IA de Singapura serve como um guia prático para as organizações que implementam tecnologias de IA. Ele enfatiza o gerenciamento de riscos, a explicabilidade e a responsabilidade, ajudando as empresas a navegar por considerações éticas e regulatórias e, ao mesmo tempo, promovendo a inovação.

Envolvimento e colaboração das partes interessadas

O desenvolvimento eficaz de políticas de IA exige a colaboração entre diversas partes interessadas:

Agências governamentais: Os organismos reguladores desempenham um papel fundamental na elaboração e aplicação de políticas de IA que promovam a inovação e protejam os interesses públicos.

Partes interessadas do sector: As empresas de tecnologia, as startups e as associações do sector contribuem com conhecimentos e perspectivas sobre o desenvolvimento, a implementação e a conformidade regulamentar da IA.

Academia e instituições de investigação: Os investigadores e os académicos informam os debates políticos com conhecimentos baseados em provas sobre os impactos sociais e as considerações éticas da IA.

Sociedade civil e grupos de defesa: As organizações não governamentais defendem a transparência, a responsabilidade e a inclusão na governação da IA para salvaguardar os direitos humanos e promover a confiança do público.

Avaliação do impacto e direcções futuras

A avaliação da eficácia das políticas de IA exige uma avaliação e adaptação contínuas aos avanços tecnológicos emergentes e às necessidades da sociedade:

Impacto no crescimento económico e na inovação: As políticas de IA devem apoiar o crescimento económico, promovendo a inovação, o empreendedorismo e a criação de emprego nas indústrias relacionadas com a IA.

Impacto ético e social: As políticas devem abordar as preocupações éticas, mitigar os preconceitos algorítmicos e defender os princípios dos direitos humanos para garantir que a IA beneficie todos os segmentos da sociedade de forma equitativa.

Educação e desenvolvimento da força de trabalho: O investimento em programas de educação e formação de competências em IA prepara a mão de obra para empregos orientados para a IA e promove a aprendizagem ao longo da vida em tecnologias digitais.

As respostas políticas aos impactos sociais da IA são essenciais para enfrentar os complexos desafios e oportunidades apresentados pelas tecnologias de IA. As políticas eficazes devem dar prioridade a considerações éticas, proteger os direitos individuais e promover o crescimento económico inclusivo e a inovação. Ao promover a colaboração internacional, envolver diversas partes interessadas e avaliar continuamente os resultados das políticas, os governos podem estabelecer estruturas que aproveitem o potencial da IA, salvaguardando o bem-estar social e promovendo o progresso global.

O papel das parcerias público-privadas

As Parcerias Público-Privadas (PPP) surgiram como um mecanismo crucial para potenciar os pontos fortes dos sectores público e privado para atingir objectivos comuns, especialmente em áreas que exigem investimentos substanciais, inovação e conhecimentos especializados. No contexto do avanço da tecnologia e do desenvolvimento da sociedade, as PPP desempenham um papel fundamental na promoção da inovação, na resolução de desafios complexos e na catalisação do crescimento económico.

As Parcerias Público-Privadas (PPP) são acordos de colaboração entre entidades governamentais e organizações do sector privado que visam a prestação de serviços públicos, projectos de infra-estruturas ou a resolução de desafios sociais. Estas parcerias potenciam os respectivos pontos fortes de ambos os sectores: a autoridade reguladora do sector público, o mandato público e o acesso a fundos públicos, combinados com a eficiência, a inovação e os conhecimentos técnicos do sector privado. As PPP ganharam proeminência a nível mundial à medida que os governos procuram otimizar os recursos, acelerar a execução dos projectos e promover o desenvolvimento sustentável.

Principais componentes das PPP

Objectivos e âmbito: As PPP podem variar muito em termos de âmbito e objectivos, desde o desenvolvimento de infra-estruturas (por exemplo, transportes, serviços públicos) a serviços sociais (por exemplo, cuidados de saúde, educação) e inovação tecnológica (por exemplo, investigação e desenvolvimento).

Papéis e responsabilidades: É essencial uma definição clara das funções e responsabilidades, sendo o sector público normalmente responsável pela definição de políticas, supervisão regulamentar e atribuição de financiamento, enquanto o sector privado assume as funções de execução, operação e, frequentemente, financiamento dos projectos.

Partilha de riscos e incentivos: Mecanismos eficazes de atribuição de riscos e incentivos ao desempenho são fundamentais para garantir a responsabilidade mútua e o êxito do projeto. Estes podem incluir acordos de partilha de receitas, pagamentos baseados no desempenho e garantias contra os riscos do projeto.

Benefícios das parcerias público-privadas

Inovação e eficiência: As PPP aproveitam a inovação e a eficiência do sector privado para realizar projectos mais rapidamente e, muitas vezes, a custos mais baixos do que os modelos de aquisição tradicionais. Os parceiros do sector privado trazem conhecimentos tecnológicos, perspicácia de gestão e uma estrutura de incentivos orientada para o lucro que pode impulsionar a inovação na prestação de serviços.

Desenvolvimento de infra-estruturas: As PPP facilitam o desenvolvimento de infra-estruturas críticas, tais como redes de transportes, serviços de utilidade pública e instalações de cuidados de saúde, que são essenciais para o crescimento económico, o bem-estar social e o desenvolvimento sustentável.

Mitigação de riscos: A partilha dos riscos dos projectos entre os sectores público e privado reduz os encargos financeiros dos governos, proporcionando simultaneamente aos parceiros do sector privado um ambiente de investimento estável e fluxos de receitas previsíveis.

Reforço das capacidades e transferência de conhecimentos: As PPP promovem o intercâmbio de conhecimentos e a criação de capacidades entre organismos públicos e entidades do sector privado, reforçando a capacidade do governo para gerir projectos complexos e adotar tecnologias inovadoras.

Desafios e considerações

Complexidade e governação: A gestão das PPP exige quadros de governação sólidos para garantir a transparência, a responsabilização e o cumprimento dos requisitos legais e regulamentares. A falta de clareza nas funções, a avaliação inadequada dos riscos e as falhas de governação podem comprometer os resultados do projeto.

Viabilidade financeira e financiamento: Assegurar um financiamento adequado e alcançar a sustentabilidade financeira são desafios fundamentais, especialmente para projectos de infra-estruturas de grande escala com longos períodos de gestação. O equilíbrio entre as restrições orçamentais do sector público e as expectativas de lucro do sector privado é fundamental para a viabilidade do projeto.

Perceção pública e envolvimento das partes interessadas: As PPP enfrentam frequentemente o escrutínio e o ceticismo do público relativamente à relação custo-eficácia, à qualidade dos serviços e às preocupações com a equidade. O envolvimento efetivo das partes interessadas, incluindo consultas à comunidade e transparência na tomada de decisões, é essencial para criar confiança e apoio público.

Modelos bem sucedidos de parcerias público-privadas

Desenvolvimento de infra-estruturas: Os exemplos incluem a construção e a exploração de estradas com portagem, pontes, aeroportos e sistemas de transportes públicos através de PPP, tirando partido das competências do sector privado em matéria de gestão e financiamento de projectos.

Inovação tecnológica: As colaborações em investigação e desenvolvimento (I&D) e os centros de inovação entre governos, universidades e empresas tecnológicas impulsionam os avanços em sectores como os cuidados de saúde, as energias renováveis e as infra-estruturas digitais.

Serviços sociais: As PPP nos sectores da saúde e da educação prestam serviços de qualidade, optimizando simultaneamente a afetação de recursos e a eficiência operacional, beneficiando das inovações do sector privado na prestação e gestão de serviços.

Perspectivas globais e estudos de caso

Reino Unido (UK) - Iniciativa de Financiamento Privado (PFI): O modelo PFI do Reino Unido envolveu o financiamento, a construção e a exploração pelo sector privado de projectos de infra-estruturas públicas, como hospitais e escolas, com pagamentos efectuados pelo governo ao longo do ciclo de vida do projeto.

Estados Unidos da América (EUA) - Parcerias de inovação tecnológica: As colaborações entre agências federais, instituições académicas e empresas privadas de tecnologia impulsionam os avanços na inteligência artificial, cibersegurança e exploração espacial, promovendo a inovação e a competitividade económica.

Singapura - Desenvolvimento de infra-estruturas: Os quadros de PPP de Singapura apoiam o desenvolvimento de projectos de infra-estruturas críticas, como o Terminal 5 do Aeroporto de Changi e o Resort Integrado Marina Bay Sands, contribuindo para o crescimento económico e reforçando a competitividade global.

As parcerias público-privadas representam uma abordagem dinâmica para enfrentar os desafios societais, promover a inovação e impulsionar o crescimento económico sustentável. Ao potenciar os pontos fortes complementares da governação pública e da eficiência do sector privado, as PPP oferecem uma via para a prestação de serviços essenciais, infra-estruturas e avanços tecnológicos que beneficiam as comunidades a nível mundial. Os modelos de PPP eficazes requerem um planeamento cuidadoso, uma governação sólida, o envolvimento das partes interessadas e uma avaliação contínua para maximizar os benefícios e reduzir os riscos. À medida que os governos de todo o mundo adoptam as PPP como um catalisador para o desenvolvimento, a colaboração entre os sectores público e privado continua a ser essencial para alcançar objectivos comuns e promover o bem-estar social.

Modelos bem sucedidos de parcerias público-privadas no domínio da IA

A Inteligência Artificial (IA) está a remodelar as indústrias, as economias e as sociedades a nível mundial, oferecendo um potencial transformador em vários sectores, desde os cuidados de saúde e as finanças aos transportes e à educação. As Parcerias Público-Privadas (PPP) surgiram como quadros instrumentais para aproveitar as capacidades da IA, combinando recursos governamentais, supervisão regulamentar e mandatos públicos com a inovação, os conhecimentos técnicos e o investimento do sector privado.

As tecnologias de IA, que englobam a aprendizagem automática, o processamento de linguagem natural e a robótica, tornaram-se fundamentais para impulsionar o crescimento económico e os avanços sociais. As PPP no domínio da IA tiram partido dos pontos fortes dos sectores público e privado para acelerar a investigação e desenvolvimento (I&D), implementar soluções de IA à escala e enfrentar desafios complexos, como o diagnóstico dos cuidados de saúde, a sustentabilidade ambiental e o planeamento urbano. Os modelos de PPP eficazes requerem um alinhamento estratégico dos objectivos, estruturas de governação claras e mecanismos que garantam benefícios mútuos e resultados sustentáveis.

Componentes-chave de PPP bem sucedidas na IA

Objectivos e âmbito claros: As PPP bem sucedidas na IA começam com objectivos claramente definidos e alinhados com as prioridades nacionais ou regionais. Estas podem incluir o reforço da prestação de cuidados de saúde, a melhoria da eficiência dos transportes ou o avanço das infra-estruturas digitais.

Papéis e responsabilidades: O sector público normalmente define quadros políticos, atribui financiamento e fornece supervisão regulamentar. O sector privado contribui com conhecimentos técnicos, inovação e capital de investimento para a I&D, a implantação e a comercialização da IA.

Partilha de riscos e incentivos: Mecanismos eficazes de partilha de riscos, tais como acordos de partilha de receitas, pagamentos baseados no desempenho e acordos de direitos de propriedade intelectual, incentivam a participação do sector privado, assegurando simultaneamente a responsabilização e a sustentabilidade do projeto.

Vantagens das PPP na IA

Inovação e avanço tecnológico: As PPP promovem a inovação combinando as capacidades de investigação do sector público com a agilidade do sector privado e incentivos orientados para o mercado. Esta colaboração acelera a I&D em IA, conduzindo a avanços no desenvolvimento de algoritmos, aplicações de IA e integração de tecnologias.

Escalabilidade e impacto: O aproveitamento dos recursos do sector privado permite que as soluções de IA se expandam rapidamente, chegando a populações mais vastas e abordando desafios sociais como o acesso aos cuidados de saúde, a qualidade da educação e a sustentabilidade ambiental.

Crescimento económico e competitividade: As PPP impulsionam o crescimento económico, catalisando investimentos em infra-estruturas de IA, promovendo o espírito empresarial e reforçando a competitividade global nos mercados tecnológicos emergentes.

Eficiência do sector público: As PPP melhoram a eficiência do sector público através da prestação de serviços rentáveis, da alocação optimizada de recursos e de capacidades operacionais melhoradas, possibilitadas pela automação e análise preditiva orientada por IA.

Desafios e considerações

Governação e coordenação complexas: A gestão das PPP requer quadros de governação robustos para abordar considerações legais, regulamentares e éticas. A clarificação das funções, responsabilidades e processos de tomada de decisão é essencial para atenuar os conflitos e garantir a transparência.

Viabilidade e sustentabilidade financeiras: Garantir compromissos de financiamento a longo prazo e alcançar a sustentabilidade financeira são desafios críticos para as PPP em IA, particularmente em empreendimentos de alto risco e alta recompensa, como startups de IA e iniciativas de investigação.

Implicações éticas e sociais: As tecnologias de IA suscitam preocupações éticas relacionadas com a privacidade, a parcialidade na tomada de decisões algorítmicas e o impacto social. As PPP devem integrar directrizes éticas e quadros de responsabilidade social para defender a transparência, a equidade e a responsabilidade.

Modelos bem sucedidos de PPP na IA

Estados Unidos - Institutos Nacionais de Investigação em IA: O governo dos EUA colabora com líderes da indústria, instituições académicas e organizações sem fins lucrativos para criar institutos de investigação de IA centrados em áreas-chave como a IA nos cuidados de saúde, a cibersegurança e os sistemas autónomos. Estes institutos recebem financiamento federal e apoio da indústria para fazer avançar as tecnologias de IA, ao mesmo tempo que abordam desafios sociais.

União Europeia - Parcerias Público-Privadas no domínio da IA: A iniciativa Parcerias Público-Privadas (PPP) de IA da UE reúne partes interessadas do meio académico, da indústria e do governo para promover a inovação e a adoção da IA em toda a Europa. As iniciativas incluem o financiamento de startups de IA, consórcios de investigação e esforços de harmonização regulamentar para criar um mercado digital unificado.

Canadá - Estratégia de IA e Superclusters: A Estratégia Pan-Canadiana de Inteligência Artificial do Canadá apoia a investigação colaborativa em matéria de IA através de parcerias entre agências governamentais, universidades e parceiros industriais. As iniciativas do Supercluster centram-se em soluções baseadas na IA para a medicina de precisão, cidades inteligentes e tecnologias sustentáveis, impulsionando o crescimento económico e a criação de emprego.

Impacto e direcções futuras

Impacto económico: As PPP no domínio da IA contribuem para o crescimento económico atraindo investimentos, criando empregos em indústrias de alta tecnologia e posicionando os países como líderes mundiais na inovação da IA. O aumento da produtividade e da eficiência através da adoção da IA estimula o crescimento do PIB e a competitividade da indústria.

Impacto social: As soluções baseadas em IA apoiadas por PPP melhoram os resultados dos cuidados de saúde, melhoram os serviços públicos e promovem a sustentabilidade ambiental. Ao abordar os desafios sociais, como a adaptação às alterações climáticas, a urbanização e o acesso aos cuidados de saúde, as PPP contribuem para o crescimento inclusivo e o bem-estar social.

Direcções futuras: O futuro das PPP na IA envolve a expansão das redes de colaboração, o reforço dos quadros regulamentares e a promoção da cooperação internacional para enfrentar os desafios globais. As iniciativas centradas na ética da IA, na governação dos dados e na IA para o bem social irão moldar a evolução dos modelos de PPP na era digital.

CAPÍTULO 10

O futuro da IA, a globalização e o crescimento inclusivo

Ashwani Kumar

Escola de Engenharia e Tecnologia

K. R. Mangalam University, Gurugram, Haryana, Índia

Deepak Singh

Departamento de Engenharia e Tecnologia

ABES(IT), Ghaziabad, Uttar Pradesh, Índia

Introdução

A Inteligência Artificial (IA) continua a evoluir rapidamente, impulsionando inovações em vários sectores e remodelando indústrias em todo o mundo. Desde a melhoria da automatização e dos processos de tomada de decisões até à revolução dos cuidados de saúde e dos transportes, o potencial transformador da IA é vasto.

A Inteligência Artificial engloba tecnologias que simulam a inteligência humana para realizar tarefas que tradicionalmente requerem a cognição humana, como a aprendizagem, a resolução de problemas e a tomada de decisões. Os recentes avanços na IA, impulsionados pelos grandes volumes de dados, pelo poder computacional e pela inovação algorítmica, aceleraram a sua adoção em todas as indústrias e domínios. As tendências emergentes no domínio da IA prometem revolucionar ainda mais a tecnologia, a sociedade e a economia global.

Principais tendências da IA

Avanços na aprendizagem automática: A aprendizagem automática (ML) continua a ser uma pedra angular do desenvolvimento da IA, permitindo que os sistemas aprendam com os dados e melhorem o desempenho ao longo do tempo. As tendências recentes incluem avanços nos modelos de aprendizagem profunda, técnicas de aprendizagem por reforço e abordagens de aprendizagem por transferência que melhoram a capacidade da IA para lidar com tarefas complexas com maior precisão e eficiência.

Processamento de linguagem natural (PNL): As tecnologias de PNL permitem às máquinas compreender, interpretar e gerar linguagem humana, revolucionando as aplicações em chatbots, assistentes virtuais, análise de sentimentos e tradução de línguas. As tendências recentes centram-se na compreensão contextual, nas capacidades multilingues e na integração com tecnologias de reconhecimento de voz.

Visão por computador: As tecnologias de visão computacional baseadas em IA permitem às máquinas interpretar e analisar informações visuais de imagens e vídeos. As tendências recentes incluem a deteção de objectos, a segmentação de imagens, o reconhecimento facial e a compreensão de vídeos, com aplicações que vão desde veículos autónomos a diagnósticos médicos por imagem.

IA nos cuidados de saúde: A IA está a transformar a prestação de cuidados de saúde através da análise preditiva, da medicina personalizada e dos diagnósticos médicos por imagem. As tendências emergentes incluem diagnósticos alimentados por IA, monitorização remota de doentes e descoberta de medicamentos, reforçando os cuidados de saúde de precisão e melhorando os resultados para os doentes.

Sistemas autónomos: Os sistemas autónomos orientados por IA, incluindo robôs e drones, estão a remodelar indústrias como a produção, a agricultura e a logística. As tendências recentes centram-se na navegação autónoma, na robótica colaborativa e nos algoritmos de aprendizagem adaptativa para melhorar a eficiência e a segurança operacionais.

A IA nas finanças: O sector dos serviços financeiros tira partido da IA para a deteção de fraudes, negociação algorítmica, pontuação de crédito e automatização do serviço ao cliente. As tendências emergentes incluem modelos de IA explicáveis, soluções de conformidade regulamentar e aconselhamento financeiro personalizado baseado em IA.

Considerações éticas

Preconceito e equidade: Os algoritmos de IA podem perpetuar preconceitos presentes nos dados de treino, conduzindo a resultados discriminatórios nos processos de tomada de decisão. A resolução dos preconceitos exige princípios éticos de conceção da IA, representação de dados diversificados e transparência na tomada de decisões algorítmicas.

Privacidade e segurança dos dados: As aplicações de IA dependem de grandes quantidades de dados pessoais, o que suscita preocupações relativamente à violação da privacidade e às violações de dados. Os quadros regulamentares, como o Regulamento Geral sobre a Proteção de Dados (RGPD), exigem medidas rigorosas de proteção de dados e o consentimento informado para a utilização de dados de IA.

Responsabilidade e transparência: Os sistemas de IA funcionam frequentemente como caixas negras, o que dificulta a compreensão dos seus processos de tomada de decisão. Garantir a responsabilidade e a transparência na IA requer modelos de IA explicáveis, auditabilidade e mecanismos de recurso em caso de erros algorítmicos ou utilização indevida.

Aplicações em todos os sectores

Retalho e comércio eletrónico: Os sistemas de recomendação baseados em IA personalizam as experiências de compra, optimizam a gestão da cadeia de fornecimento e prevêem a procura dos consumidores com base em dados históricos e tendências de mercado.

Transportes: Os veículos autónomos e os sistemas de gestão de tráfego baseados em IA melhoram a segurança rodoviária, optimizam a logística dos transportes e reduzem o congestionamento através de modelos preditivos e da análise de dados em tempo real.

Educação: As aplicações de IA na educação incluem plataformas de aprendizagem personalizadas, sistemas de tutoria adaptativos e ferramentas de avaliação baseadas em IA que adaptam os conteúdos educativos às necessidades individuais dos alunos e aos seus estilos de aprendizagem.

Energia e sustentabilidade: A IA optimiza o consumo de energia, melhora a integração das energias renováveis e prevê os impactos ambientais através de análises preditivas e tecnologias de redes inteligentes.

Direcções futuras

Ética e governação da IA: Os futuros avanços na IA darão prioridade a considerações éticas, à implantação responsável da IA e a quadros regulamentares globais para mitigar os riscos e garantir que os benefícios da IA sejam distribuídos de forma equitativa.

IA na computação de ponta: As tecnologias de IA de borda permitirão o processamento de dados em tempo real e a tomada de decisões na borda da rede, melhorando a eficiência, reduzindo a latência e apoiando aplicações IoT (Internet das Coisas).

IA para o bem social: As iniciativas de colaboração tirarão partido da IA para enfrentar desafios globais como a adaptação às alterações climáticas, a acessibilidade dos cuidados de saúde, a resposta a catástrofes e o desenvolvimento económico inclusivo.

A Inteligência Artificial continua a impulsionar mudanças transformadoras nas indústrias, na sociedade e na governação. As tendências emergentes da IA, desde os avanços da aprendizagem automática e dos sistemas autónomos até à ética da IA e às aplicações nos cuidados de saúde e nas finanças, sublinham a sua crescente influência e o seu potencial impacto. À medida que as tecnologias de IA evoluem, a abordagem de considerações éticas, o fomento da colaboração interdisciplinar e a promoção de uma governação inclusiva da IA serão essenciais para aproveitar os benefícios da IA e, ao mesmo tempo, mitigar os riscos. O futuro da IA promete inovação contínua, integração social e avanços que moldam um mundo mais sustentável, equitativo e tecnologicamente avançado.

A próxima vaga de globalização

A globalização, caracterizada pela interligação das economias, culturas e sociedades de todo o mundo, passou por fases de transformação desde o século XX. A próxima vaga de globalização está pronta a redefinir a dinâmica global através dos avanços tecnológicos, das mudanças económicas e da evolução dos cenários geopolíticos.

A globalização, tal como a entendemos atualmente, representa a integração de economias, culturas e sociedades além-fronteiras, facilitada pelos avanços na comunicação, nos transportes e no comércio. A próxima vaga de globalização baseia-se nas fases anteriores, impulsionada por inovações tecnológicas como a digitalização, a inteligência artificial (IA) e a Internet das Coisas (IoT), que estão a remodelar as economias globais e as interacções sociais.

Factores determinantes da próxima vaga de globalização

Avanços tecnológicos: As tecnologias digitais permitem a comunicação em tempo real, a troca de dados e a colaboração entre continentes, promovendo cadeias de abastecimento globais, acordos de trabalho à distância e mercados digitais que transcendem as fronteiras nacionais.

Interdependência económica: A globalização promove a interdependência económica através da liberalização do comércio, do investimento direto estrangeiro (IDE) e dos fluxos financeiros internacionais, permitindo que os países se especializem em vantagens comparativas e acedam aos mercados globais.

Intercâmbio cultural e conetividade: As plataformas de redes sociais, a partilha de conteúdos digitais e os intercâmbios culturais promovem a compreensão intercultural, a diversidade e a interconexão entre cidadãos globais, influenciando o comportamento dos consumidores e as normas sociais.

Política e governação: Os acordos internacionais, os quadros regulamentares e as organizações multilaterais facilitam a cooperação em desafios globais como as alterações climáticas, a saúde pública e o desenvolvimento sustentável, moldando a governação da globalização.

Tendências emergentes na próxima vaga de globalização

Transformação digital: A economia digital impulsiona a globalização através de plataformas de comércio eletrónico, pagamentos digitais e serviços virtuais que ligam empresas e consumidores a nível mundial, ultrapassando fronteiras físicas e fusos horários.

IA e automatização: As tecnologias de IA optimizam os processos de produção, melhoram a tomada de decisões e impulsionam a inovação em todos os sectores, transformando os mercados de trabalho globais e as cadeias de abastecimento através da automatização e da análise preditiva.

Resiliência da cadeia de suprimentos global: A pandemia de COVID-19 evidenciou vulnerabilidades nas cadeias de abastecimento globais, levando as empresas a adotar estratégias resilientes de cadeias de abastecimento, regionalização e digitalização para mitigar os riscos e aumentar a agilidade.

Objectivos de Desenvolvimento Sustentável (ODS): A globalização alinha-se com a prossecução dos ODS, promovendo o crescimento inclusivo, a sustentabilidade ambiental e a equidade social através da cooperação internacional, da transferência de tecnologia e de práticas empresariais sustentáveis.

Desafios e considerações

Tensões geopolíticas: As crescentes tensões geopolíticas, as disputas comerciais e as políticas proteccionistas desafiam a cooperação global e a integração económica, fragmentando potencialmente os mercados globais e impedindo os fluxos comerciais internacionais.

Fosso digital: As disparidades nas infra-estruturas digitais, no acesso à Internet e na literacia tecnológica criam fossos digitais entre os países desenvolvidos e os países em desenvolvimento, limitando as oportunidades de participação inclusiva na economia digital.

Impacto ambiental: A globalização contribui para a degradação ambiental, o esgotamento dos recursos e as emissões de carbono através do aumento do comércio internacional, dos transportes e das actividades industriais, exigindo práticas de desenvolvimento sustentável e acções climáticas.

Desigualdade social: A globalização exacerba a desigualdade de rendimentos, as disparidades no mercado de trabalho e a exclusão social, o que leva a apelar a políticas de crescimento inclusivo, a medidas de proteção social e a uma distribuição equitativa dos benefícios económicos.

Impacto da próxima vaga de globalização

Crescimento económico e inovação: A globalização estimula o crescimento económico, promovendo a concorrência no mercado, fomentando a inovação e atraindo investimentos em tecnologia, infra-estruturas e desenvolvimento do capital humano.

Intercâmbio cultural e diversidade: As interacções interculturais e a conetividade global reforçam a diversidade cultural, a expressão artística e a partilha de conhecimentos, enriquecendo os valores societais e promovendo a cidadania global.

Saúde e bem-estar a nível mundial: A globalização facilita o acesso a inovações no domínio dos cuidados de saúde, a tratamentos médicos e a estratégias de prevenção de doenças, melhorando os resultados em matéria de saúde pública e enfrentando os desafios globais no domínio da saúde, como as pandemias e as doenças infecciosas.

Cooperação internacional: O multilateralismo e as parcerias globais reforçam a cooperação internacional em matéria de ação climática, desenvolvimento sustentável, consolidação da paz e assistência humanitária, fazendo avançar os esforços colectivos para enfrentar os desafios globais.

Direcções futuras

Integração tecnológica: Os avanços contínuos nas tecnologias de IA, cadeia de blocos e energias renováveis impulsionarão a integração dos mercados globais, aumentarão a produtividade e promoverão práticas de desenvolvimento sustentável em todo o mundo.

Cadeias de fornecimento resilientes: As empresas e os governos darão prioridade à resiliência, regionalização e digitalização da cadeia de abastecimento para mitigar os riscos, aumentar a flexibilidade e adaptar-se à evolução das incertezas geopolíticas e económicas.

Crescimento inclusivo: As políticas que promovem o crescimento inclusivo, a inclusão digital e a equidade social irão colmatar as divisões digitais, capacitar as comunidades marginalizadas e assegurar que os benefícios da globalização são partilhados equitativamente entre nações e populações.

A próxima vaga de globalização é caracterizada por avanços tecnológicos, interdependência económica e dinâmicas sociais em evolução que transcendem as fronteiras nacionais e remodelam as interacções globais. À medida que a transformação digital acelera, a IA impulsiona a inovação e os objectivos de desenvolvimento sustentável orientam as agendas globais, torna-se imperativo aproveitar os benefícios da globalização e, ao mesmo tempo, enfrentar os seus desafios. Ao fomentar a cooperação internacional, promover o crescimento inclusivo e adotar práticas sustentáveis, as nações podem navegar pelas complexidades da globalização e construir uma comunidade global mais interligada, resiliente e equitativa.

Construir um roteiro para o crescimento inclusivo

O crescimento inclusivo refere-se ao desenvolvimento económico que beneficia todos os segmentos da sociedade, incluindo as populações marginalizadas e vulneráveis, reduzindo assim as disparidades de rendimento, riqueza e oportunidades.

Numa era marcada pela globalização, pelos avanços tecnológicos e pelas mudanças demográficas, a procura de um crescimento inclusivo surgiu como um imperativo fundamental para os decisores políticos, as empresas e as comunidades de todo o mundo. A construção de um roteiro para o crescimento inclusivo envolve a promoção de oportunidades equitativas, a resolução de barreiras estruturais e a promoção de um desenvolvimento sustentável que melhore o bem-estar de todos os indivíduos e comunidades.

Princípios-chave do crescimento inclusivo

Acesso equitativo às oportunidades: O crescimento inclusivo dá prioridade à igualdade de acesso à educação, aos cuidados de saúde, ao emprego e aos serviços financeiros, garantindo que todos os indivíduos dispõem das ferramentas e dos recursos necessários para prosperar económica e socialmente.

Coesão social e igualdade: O crescimento inclusivo visa reduzir as desigualdades sociais baseadas no género, na etnia, na raça ou no estatuto socioeconómico, promovendo a coesão social e a solidariedade no seio das comunidades.

Desenvolvimento sustentável: As práticas sustentáveis e a gestão ambiental fazem parte integrante do crescimento inclusivo, garantindo que o progresso económico não compromete o bem-estar das gerações futuras nem agrava a degradação ambiental.

Governação participativa: O crescimento inclusivo exige estruturas de governação transparentes e responsáveis que envolvam os cidadãos, as organizações da sociedade civil e as partes interessadas do sector privado nos processos de tomada de decisões que afectam as suas vidas e meios de subsistência.

Estratégias para alcançar um crescimento inclusivo

Educação e desenvolvimento de competências: O investimento na educação, na formação profissional e nos programas de aprendizagem ao longo da vida dota os indivíduos das competências necessárias para o emprego em sectores emergentes e promove a mobilidade social.

Inclusão financeira: A expansão do acesso a serviços financeiros acessíveis, incluindo serviços bancários, crédito e seguros, permite que as comunidades carenciadas poupem, invistam e participem em actividades económicas formais.

Desenvolvimento de infra-estruturas: A construção e a modernização de infra-estruturas, tais como redes de transportes, conetividade digital e instalações de cuidados de saúde, melhoram o acesso a serviços essenciais e estimulam o crescimento económico em regiões carenciadas.

Apoio às pequenas e médias empresas (PME): A concessão de financiamento, assistência técnica e acesso ao mercado às PME promove o espírito empresarial, a criação de emprego e o desenvolvimento económico local, em especial nas zonas rurais e urbanas marginalizadas.

Programas de proteção social: A implementação de redes de segurança social, incluindo subsídios de desemprego, cobertura de cuidados de saúde e regimes de pensões, protege as populações vulneráveis dos choques económicos e promove a inclusão social.

Desafios ao crescimento inclusivo

Desigualdade de rendimentos: As disparidades persistentes na distribuição do rendimento limitam os benefícios do crescimento económico e dificultam os esforços para alcançar um desenvolvimento inclusivo, exigindo políticas que promovam salários justos, uma tributação progressiva e a redistribuição da riqueza.

Barreiras de acesso: As barreiras à educação, aos cuidados de saúde e aos serviços financeiros, agravadas pelo afastamento geográfico, pelas normas socioculturais e pela discriminação, restringem as oportunidades dos grupos marginalizados e perpetuam a exclusão social.

Sustentabilidade ambiental: Equilibrar o desenvolvimento económico com a conservação ambiental coloca desafios, uma vez que as indústrias de recursos intensivos e a urbanização ameaçam os ecossistemas, a biodiversidade e a estabilidade climática.

Coordenação e implementação de políticas: A concretização do crescimento inclusivo exige esforços coordenados entre departamentos governamentais, organismos reguladores e entidades do sector privado para alinhar políticas, mobilizar recursos e monitorizar o progresso no sentido de resultados equitativos.

Exemplos de iniciativas bem sucedidas

Brasil - Programa Bolsa Família: O programa Bolsa Família do Brasil oferece transferências de dinheiro para famílias de baixa renda condicionadas à frequência escolar e às consultas médicas das crianças, tirando milhões de pessoas da pobreza e promovendo a inclusão social.

Ruanda - Programa Umurenge Visão 2020 (VUP): O VUP do Ruanda integra projectos de obras públicas, formação de competências e serviços financeiros para melhorar os meios de subsistência e reduzir a pobreza nas comunidades rurais, contribuindo para os objectivos de desenvolvimento sustentável.

Índia - Pradhan Mantri Jan Dhan Yojana (PMJDY): A iniciativa PMJDY da Índia tem como objetivo fornecer acesso universal a serviços bancários, promovendo a inclusão financeira e capacitando as populações marginalizadas através de contas de poupança, seguros e facilidades de crédito a preços acessíveis.

África do Sul - Programa Alargado de Obras Públicas (EPWP): O EPWP da África do Sul cria oportunidades de emprego no desenvolvimento de infra-estruturas, conservação ambiental e serviços comunitários, visando o desemprego e a pobreza em áreas historicamente desfavorecidas.

A construção de um roteiro para o crescimento inclusivo requer uma abordagem multifacetada que integre políticas económicas, programas sociais e iniciativas de sustentabilidade ambiental para promover o desenvolvimento equitativo e melhorar a qualidade de vida de todos. Ao dar prioridade à educação, aos cuidados de saúde, às infra-estruturas e à proteção social, os decisores políticos, as empresas e a sociedade civil podem criar ambientes favoráveis que permitam aos indivíduos e às comunidades participar ativamente nas oportunidades económicas e contribuir para os objectivos de desenvolvimento sustentável. À medida que os desafios globais evoluem, a prossecução do crescimento inclusivo continua a ser essencial para promover sociedades resilientes e coesas e para fazer avançar a prosperidade humana num mundo interligado.

BIBLIOGRAFIA

1. Korinek, A., & Stiglitz, J. E. (2021). Inteligência artificial, globalização e estratégias para o desenvolvimento económico (No. w28453). Gabinete Nacional de Investigação Económica.

2. Beliz, G., Basco, A. I., & de Azevedo, B. (2019). Aproveitamento das oportunidades das tecnologias inclusivas numa economia global. Economia, 13(1), 20190006.

3. Buckley, S. B. (Ed.). (2020). Promovendo o crescimento inclusivo na Quarta Revolução Industrial. IGI Global.

4. Kurtoğlu, Y. (2021). Tecnologias de Inteligência Artificial, o Impacto no Crescimento Económico, a Economia Global e as Profissões do Futuro. As guerras comerciais dos EUA, China e UE: A Economia Global na Era do Populismo, 165.

5. Alami, H., Rivard, L., Lehoux, P., Hoffman, S. J., Cadeddu, S. B. M., Savoldelli, M., ... & Fortin, J. P. (2020). Inteligência artificial nos cuidados de saúde: lançando as bases para uma inovação responsável, sustentável e inclusiva em países de baixo e médio rendimento. Globalização e Saúde, 16, 1-6.

6. Sahi, S. M. (2022). A inteligência artificial e o seu impacto no crescimento económico global. Boletim de Economia e Finanças Mundiais, 9, 16-24.

7. Cerra, V., Eichengreen, B., El-Ganainy, A., & Schindle, M. (2021). Como alcançar o crescimento inclusivo (p. 912). Oxford University Press.

8. Qureshi, Z. (2022). Combater a desigualdade e construir uma prosperidade inclusiva na era digital. UM FUTURO INCLUSIVO? TECNOLOGIA, NOVAS DINÂMICAS E DESAFIOS POLÍTICOS, 1.

9. Mannuru, N. R., Shahriar, S., Teel, Z. A., Wang, T., Lund, B. D., Tijani, S., ... & Vaidya, P. (2023). Inteligência artificial nos países em desenvolvimento: O impacto das tecnologias geradoras de inteligência artificial (IA) para o desenvolvimento. Desenvolvimento da Informação.

10. Mohammed, P. S., & 'Nell'Watson, E. (2019). Rumo à educação inclusiva na era da inteligência artificial: Perspectivas, desafios e oportunidades. Inteligência Artificial e Educação Inclusiva: Futuros especulativos e práticas emergentes, 17-37.

11. How, M. L., Cheah, S. M., Chan, Y. J., Khor, A. C., & Say, E. M. P. (2023). Inteligência Artificial para o Avanço dos Objetivos de Desenvolvimento Sustentável (ODS): Uma abordagem de baixo código democratizada inclusiva. Em A Ética da Inteligência Artificial para os Objetivos de Desenvolvimento Sustentável (pp. 145-165). Cham: Springer International Publishing.

12. Rohman, A., Asfahani, A., Iqbal, K., Judijanto, L., & Zebua, R. S. Y. (2023). Análise abrangente da contribuição da IA para o desenvolvimento económico global. Journal of Artificial Intelligence and Development, 2(2), 33-39.

Buy your books fast and straightforward online - at one of world's fastest growing online book stores! Environmentally sound due to Print-on-Demand technologies.

Buy your books online at
www.morebooks.shop

Compre os seus livros mais rápido e diretamente na internet, em uma das livrarias on-line com o maior crescimento no mundo! Produção que protege o meio ambiente através das tecnologias de impressão sob demanda.

Compre os seus livros on-line em
www.morebooks.shop

Printed by Books on Demand GmbH, Norderstedt / Germany